Seadove

Seadove

世界上最富有最神秘的家族 Rothschild Family

羅斯柴爾德

他們的家族史，就是一部世界金融發展史

從法蘭克福貧民窟到覆蓋整個歐洲，從白手起家到傳承250年屹立不倒
它是世界上神秘的金融家族，它被認為是世界金融市場的幕後推手，
關於它的傳說廣為流傳，它究竟是一個怎樣的家族？它有怎樣的發展史和真面目？

「如果金錢是我們這個時代的上帝，羅斯柴爾德就是它的先知。」
——德國詩人 海涅

陳潤 著

羅斯柴爾德家族圖譜

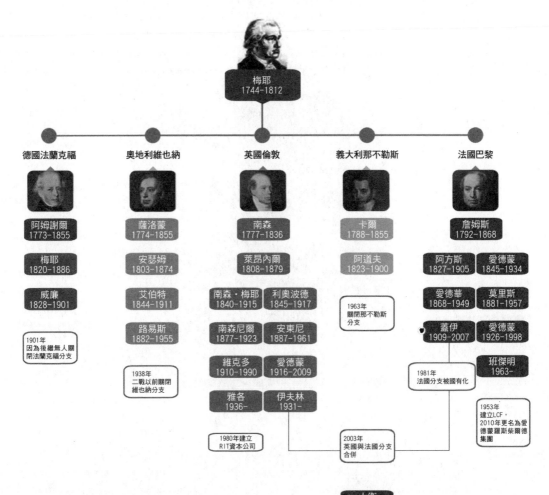

羅斯柴爾德家族迄今共有七位掌門人，分別為：

第一代掌門人　梅耶・羅斯柴爾德

第二代掌門人　南森・羅斯柴爾德

第三代掌門人　南森・梅耶・羅斯柴爾德

第四代掌門人　維克多・羅斯柴爾德

第五代掌門人　伊夫林

第六代掌門人　大衛・羅斯柴爾德

第七代掌門人　亞歷山大・羅斯柴爾德

▲　羅斯柴爾德家族創始人——梅耶・羅斯柴爾德（1744-1812）

▲　羅斯柴爾德家族第二代成員肖像，從上自左向右
分別為：阿姆謝爾·羅斯柴爾德、薩洛蒙·羅斯柴
爾德、詹姆斯·羅斯柴爾德、卡爾·羅斯柴爾德、南
森·羅斯柴爾德

▲ 刻有羅斯柴爾德家族標誌的金條，創始人梅耶‧羅斯柴爾德正是憑藉貨幣兌換與古錢幣交易發家

◀ 羅斯柴爾德家族族徽，冠冕、盾牌、代表勇敢的黑森雄獅、騰躍的獨角獸、手攥五支箭的家族象徵……鐫刻於族徽基座上的三個拉丁詞：「團結、正直、勤奮」，正是羅斯柴爾德家族的家訓

▲ 羅斯柴爾德家族「五箭」標識，象徵家族團結的重要意義，從創始人一代起，永恆地刻在羅斯柴爾德家族傳人的血脈中

▲ 羅斯柴爾德拉菲古堡，世界頂級紅酒莊園，最早由老梅耶最小的兒子——詹姆斯以440萬法郎的價格拍得

◀ 位於拉菲古堡建築頂部的「五箭」族徽，隨時提醒一代又一代的羅斯柴爾德家族傳人不忘「團結、正直、勤奮」的初心

▲ 威廉王子以及他簽署任命羅斯柴爾德家族為宮廷代理人的委任書，梅耶由此成為享譽歐洲的「紅頂商人」，並且在此後的一個多世紀裡掌控全球金融霸權

▲ 教宗額我略十六世與卡爾‧羅斯柴爾德，卡爾‧羅斯柴爾德與梵蒂岡教廷商業往來密切，教宗額我略十六世接見他的時候，不是習慣性地伸出腳來，而是破例伸出手讓卡爾親吻

▲　羅斯柴爾德家族成員合影。如今,羅斯柴爾德家族成員分布在全球各地,其中有銀行家、金融家、投資家,也有藝術家,他們信奉共同的祖訓,由此傳承七代,延續兩百多年至今,長盛不衰

▲　1935年5月,梅耶·羅斯柴爾德的第五個兒子詹姆斯·羅斯柴爾德男爵的妻子克勞德·杜邦和兩個女兒參加法國聖女貞德節

▲ 羅斯柴爾德家族成員。一代又一代羅斯柴爾德家族成員都是在家族的祖訓、家規中接受教育，逐漸成為可以與財富、地位、榮譽相匹配的真正貴族

▲ 羅斯柴爾德家族部分成員合影

◄ 1964年12月，奧黛麗‧赫本主演的電影《窈窕淑女》首映，蓋伊‧羅斯柴爾德男爵出席捧場

◄ 1972年11月，蓋伊‧羅斯柴爾德男爵和妻子瑪麗‧海倫參加化裝舞會

▲ 1950年2月，拍攝團隊在菲利普‧羅斯柴爾德男爵家中拍攝一部關於紅酒的影片

▲ 1974年1月，男爵夫人瑪麗‧海倫‧羅斯柴爾德出席巴黎麗都夜總會開幕式

▲ 2002年10月，雅各‧羅斯柴爾德男爵、柴契爾夫人、納爾遜‧曼德拉、查爾斯王子接受英國女王伊莉莎白二世邀請，出席王室聚會

▲　2001年1月，羅斯柴爾德銀行集團首次高層會議在
巴黎總部舉行

▲　2002年6月，蓋伊‧羅斯柴爾德男爵在位於巴黎塞納河
中的聖路易島上的豪宅中

▲　羅斯柴爾德第六代掌門人大衛‧羅斯柴爾德在家中的奢華書房

▲　第六代掌門人大衛‧羅斯柴爾德與第七代掌門人亞歷山大‧羅斯柴爾德

▲ 羅斯柴爾德家族沃德斯登莊園，位於英國白金漢郡洛奇山頂，被稱為「羅斯柴爾德家族的紀念碑」

▲ 羅斯柴爾德家族第七代成員雅各‧羅斯柴爾德男爵擁有的斯賓塞府邸

序言：羅斯柴爾德傳承七代的財富密碼

1

「羅斯柴爾德」是一個真實的財富家族，創始人梅耶・阿姆謝爾・鮑爾（本書後文統一簡稱為「梅耶」）1744年2月23日出生於德國法蘭克福猶太人聚居的貧民窟裡，從撿破爛的社會底層成為錢幣收藏商人。1769年9月21日，梅耶的商鋪掛上「M.A.羅斯柴爾德，威廉王子殿下指定代理人」的金字招牌，成為享譽歐洲的「紅頂商人」，並且在此後的一個多世紀裡掌控全球金融霸權。鼎盛時期，世界主要經濟體的國債由他們發行，每天黃金交易的開盤價由他們確定，各國股市都因為他們的資金流向而漲跌波動。

關於這個家族的傳說遍布歐美，包羅萬象，其世界影響力可見一斑。

歷史學家說，19世紀的歐洲有六大勢力，前五位分別是大英帝國、普魯士（後來的德意志）、法蘭西、奧匈帝國、俄國，第六位是羅斯柴爾德家族，這也是羅斯柴爾德家族「第六帝國」稱號的來源。

政治學家說，在二戰之前的美國政治格局中，民主黨屬於摩根家族，共和黨屬於洛克菲勒家族。然而，洛克菲勒家族和摩根家族都曾經屬於羅斯柴爾德家族。

經濟學家說，羅斯柴爾德家族鼎盛時所掌控的財富佔全球的一半：證券業1/3的財富、房地產業1/3的財富、珠寶及藝術品1/3的財富都是羅斯柴爾德家族的。

生物學家說，153種昆蟲、58種鳥類、18種哺乳動物、14種植物、3種魚類、3種蜘蛛、2種爬行動物都被命名為「羅斯柴爾德」，南極洲有一座島嶼也被稱作「羅斯柴爾德」。

美食家說，有一種由蜜餞、白蘭地和香草烹製的舒芙蕾和一種將明蝦、白蘭地和乳酪放在麵包上烤製而成的開胃酥名叫「羅斯柴爾德」。

文學家和音樂家對羅斯柴爾德家族的關注更是不勝枚舉，巴爾札克、歌德、福樓拜、海涅、蕭邦、羅西尼、莫謝萊斯都曾與羅斯柴爾德家族成員有過密切交往，在百老匯音樂劇及《猶太人幽默集》裡，經常會出現「羅斯柴爾德」這個名字。德國詩人海涅曾留下一句名言：「金錢是我們這個時代的上帝，羅斯柴爾德是它的先知。」

諸如此類的奇聞軼事不勝枚舉，如果想要完整瞭解這個神秘的財富家族，那幾乎是不可能的。

與傳奇、八卦相比，我們更在乎探尋羅斯柴爾德家族的時代意義和精神價值。毫不誇張地說，羅斯柴爾德家族史既是一部全球金融史，也是一部世界戰爭史，甚至是一部大國興衰史。我們透過羅斯柴爾德家族的興衰成敗看金融趨勢，看戰爭勝負，看大國更迭，就可以窺測世界政商力量的發展規律與運作模式，可以為正在崛起的國家及企業提供史料參考價值。

同樣，羅斯柴爾德家族白手起家創業、富過七代守業、與時俱進興業的成功智慧，尤其是傳承兩百多年的祖訓和家規蘊含的文化基因，更值得正在成長的財富精英家庭學習。

2

　　梅耶在1812年9月19日去世，享年68歲，臨終前他立下遺囑，後來成為羅斯柴爾德家族祖訓，廣為流傳的內容包括但是不限於以下幾條：

　　所有的家族銀行中的要職必須由家族內部人員擔任，絕對不用外人。

　　只有男性成員能夠參與家族商業活動。

　　每家的長子作為各家首領，只有家族一致同意，才可以另選次子接班。

　　絕對不對外公布財產情況。

　　……

　　羅斯柴爾德家族的族徽是一隻大手抓著五支箭的形象，下方印有家訓「團結、正直、勤奮」，「五箭」族徽沿用至今。大衛對此解釋說：「我們的原則就是團結、正直和勤勞。團結就是家族成員之間要團結，勤奮就是要努力工作，正直就是你做的事情對自己要有好處，也要對別人有好處，不僅是為了自己賺錢。」

　　除此之外，羅斯柴爾德家族還留下一些經典名言，諸如：

　　我蹲下，跪下，是為了可以跳得更高！

　　我們一定要和國王一起散步。

　　在沒有能力買鞋子時，就借別人的，這樣你會比打赤腳走得快。

　　政治和金融從來都是手拉手的。

　　時代永遠不會因為沒有羅斯柴爾德而停止前進，只有羅斯柴爾德跟著時代前進。

　　我們是手錶的機理，但每個部分都是那麼的重要。

……

根據羅斯柴爾德家族的祖訓、觀念和警句、箴言，我們總結出羅斯柴爾德家族長盛不衰的基因密碼，主要有六條：

第一，家族團結高於一切。梅耶在遺囑中寫道：「家族的所有成員都必須團結友愛，不得勾心鬥角。只要團結，世界上就沒有人能戰勝你們。」兩百多年以後，大衛坦言：「經歷國有化衝擊、納粹的迫害、歷次世界大戰，我們始終都在。家族所有成員齊心協力的參與，令羅斯柴爾德集團區別於其他金融機構，得以在歐洲乃至世界茁壯成長。」

第二，勇於追求富足生活。羅斯柴爾德家族並非天生富有，而是從貧民窟白手起家，與生俱來的卑微身分讓他們吃盡苦頭，但是沒有人可以阻擋他們追逐財富的腳步。這或許是猶太人的共同特徵，羅斯柴爾德甚至說：「賺錢，獲得影響力，是我們家族的信仰！」

第三，和有影響力的人交往。一直以來，羅斯柴爾德家族與皇室或政府官員始終保持密切聯繫，由早期提供借貸到後來的財務諮詢，他們的大半收入都是來自於各地政府。羅斯柴爾德讓當地代理人與政府打交道，家族成員不會輕易出面。

第四，資訊是賺錢的法寶。羅斯柴爾德家族分支機構遍布歐洲已開發國家，並且擁有比瑞士鐘錶更精準的情報系統，他們可以迅速收集、整理、傳遞可靠情報，使得判斷永遠比市場早一步，以至於歐洲王公貴族寧願用羅斯柴爾德的信使而不用國家郵政系統來傳遞信件。

第五，控制盲目投資的衝動。大衛認為：「最聰明的投資就是不要過度頻繁的投資，而是要把握關鍵的機會。應該做一個旁觀者，而不是一個積極的演員。」他們的口頭禪是：「你無法控制你的命運——你所能做的其實是有限的。」

第六，**在學習中與時俱進**。二戰之後，羅斯柴爾德由世界金融霸主演變為財務顧問，並且將投資觸角分散到全球各地，他們投資利潤的40%來自於中國、印度、巴西等新興市場。同時，只允許家族內部人員擔任要職、只允許男性參加商業活動、只能家族內部通婚等禁令被廢止，家族文化也在不斷創新、進化，適應時代發展要求。

財富無法複製，精神終可傳承。在過去兩三百年裡，羅斯柴爾德家族經歷過繁榮、巨富，也遭受過災難、重創，既有貪欲的誘惑，也有衰亡的危機，但是他們從未因為內部分化與外部衝擊而動搖對祖訓、家規的堅守，反而以此為信仰，越挫越勇，長盛不衰，延續兩百多年。

羅斯柴爾德家族對於文化的重視超過財富本身。雅各2013年接受採訪時回憶說，為了慶祝家族創始人梅耶的誕辰，家族在法蘭克福舉辦一場125人的聚會，大家來自不同國家、不同職業，既有銀行家、金融家、投資家，也有藝術家，有一半的人連雅各都不認識，但大家信奉共同的祖訓。

此外，他還參加過全球15個最重要的家族企業之間的會談，議題包括家族企業為何受到質疑、為何富不過三代以及應該如何繼續前進，大家高度關注並且好奇羅斯柴爾德家族為什麼可以發展到第七代。

歷史的魅力在於它無法假設，也無法重現。

財富的意義不是在於擁有，而是在於創造，在於如何讓金錢流動起來並且發揮更大價值。

目錄

羅斯柴爾德傳承七代的財富密碼

第十章：跨越新紀元（1990～2020）

附錄：羅斯柴爾德家族大事記

第一章：貧民窟裡的百萬富翁

1743～1812

紅盾家族

　　1737年，天高雲淡的法蘭克福街頭，一個猶太人被處決，這個人名叫奧本海默。

　　行刑時刻，法蘭克福上空迴響著神聖羅馬帝國皇帝的宣言：「猶太人是我們忠實的傭人和女僕。」這個宣言早在五百年前就被公之於眾，1236年，猶太人的命運因此定格。

　　靠近地中海東岸的巴勒斯坦，是一片肥沃的平原，平原以東和沙漠之間有許多丘陵高地，境內的約旦河從北向南流入死海。西元前2000年開始，猶太人一直在這裡居住。

　　西元70年，羅馬軍隊攻陷耶路撒冷，大批起義者被屠殺，七萬餘猶太人被賣為奴隸。西元135年，羅馬皇帝哈德良攻破耶路撒冷城，並且下令將猶太人的土地充公，猶太人永遠不能回來。整個巴勒斯坦田園荒蕪，盧舍為墟。從此，猶太人流離失所，被驅趕到世界各地，沒有國土，沒有政府，沒有軍隊。

　　「我必使他們交出來，在天下萬國中拋來拋去，遭遇災禍。在我趕逐他們到的各處，成為凌辱、笑談、譏諷、咒詛。」在《聖經》中，先知耶利米這樣說。

　　根據歷史記錄，猶太人在12世紀中葉定居於法蘭克福。法蘭克福位於萊茵河中部支流美因河下游，雖然這裡每天有繁忙的貿易往來，看起來是

一個開明自由的城市，但就是在這個城市中，很多猶太人的一生都是在高牆中度過。從1458年開始，猶太人被規定只能居住在猶太人聚集區，這裡有消防站、醫院，還有墓地。

18世紀的詩人路德維格・博爾納這樣寫道：「那是一個狹長陰暗的監牢，18世紀最明亮的光線也不能刺透它的黑暗。」

這是猶太人的中世紀。1733年，作為猶太人的奧本海默擔任駐法蘭克福的特使，他享有的地位讓他可以優越地住在猶太街以外的金天鵝旅館裡，這裡明亮舒適，奧本海默是猶太人之中的精英。

作為一個猶太人，奧本海默被處死的罪名是「攫取的政治權力過大」。在奧本海默被處決的幾年之後，法蘭克福又誕生一個猶太人——掛紅盾的年輕人梅耶・阿姆謝爾・羅斯柴爾德。很多猶太人的得名都稀鬆平常，屋內的一個桌子或是椅子就可以被作為終身姓名。羅斯柴爾德本來不是家族姓名，而是這家猶太人總是在店門口放置一個紅色的盾牌，後來人們逐漸稱這個家族為「紅盾」，翻譯成德文就是：羅斯柴爾德。

梅耶・阿姆謝爾以及後來繁衍的羅斯柴爾德家族，是現代資本主義歷史上最不尋常的一個家族。在戰火紛飛的脆弱的歐洲，羅斯柴爾德家族的存在證明一種更加廣泛和持久的權力——貨幣與資本——的價值。

關於梅耶・阿姆謝爾的出生日期，沒有人能準確地說出，只是模糊地記載為1743年或1744年，關於其父母、祖父母及先輩的記載就更少了。

梅耶・阿姆謝爾應該很少願意主動回憶灰暗的童年：那是一條突兀地孤立於城牆與溝渠之間的黑暗小巷，大約12英尺①寬。房屋在這片棚戶區裡擠成一團，居住者又將低矮的房屋填充得不留餘地。汙水和髒臭的怪味

---

1. 英尺：長度單位。1英尺約合0.3公尺。

整日瀰漫，長年居住於此的人嗅覺已經遲鈍了。這塊城中村是受保護的，猶太人為此必須按照法律規定交納人頭稅以及各種人口與財產保險，甚至連結婚人數都被嚴格控制：猶太家族成員限制為500人以內，一年只允許12人結婚；如果某個家族人丁衰落有斷掉香火的危機，才會稍微允許放寬限制。他們不准在夜晚、星期天或假日走出居住地，不能住進公共旅店，不能在城市的街道和廣場散步……

在人類發展史上，「猶太」是一個充滿悲劇色彩的民族。他們因為「將耶穌綁在十字架上殺掉」的罪名而備受迫害，沒有耕地，不准學習耕作或其他手工藝，不准從事貿易活動，幾乎所有的職業都不接受猶太教徒。

「當上帝關上一扇門，祂會為你打開一扇窗！」仁慈的上帝也為猶太人開了一扇天窗，這個民族因為接收到陽光雨露而枝繁葉茂。在很長一段時間內，基督教和伊斯蘭教都不允許教徒收取利息，因為這是「罪惡的事情」，猶太教徒是一個例外，他們可以向異教徒收取利息。於是，游離於世界各地的猶太人投身貿易結算、黃金保管、高利貸、債券等行業，恐怕在當時連上帝都沒有料到，他們會在此後很長一段時間內成為世界經濟命脈的主宰。

在梅耶・阿姆謝爾很小的時候，父親就開始教授他做生意的訣竅。梅耶的父親是一個追求學問的生意人，總是喜歡抽時間研究猶太法典，兒子完成小學學業後就被送到希伯來語學校學習。在梅耶9歲那年，家裡遭遇一場重大變故，父親因為生意太好引起同行妒忌被誣陷，並且在隨後的法庭訴訟中落敗而被判200荷盾①的處罰。典當家產後只湊夠一半，父親不得已又借了100荷盾的高利貸才付清罰款。飽受不公正待遇的父親老淚縱橫地說：「我們猶太人命太苦了，失敗時被人唾棄，成功時又遭人嫉恨，得不

到任何保護，生命如草芥。有時候，我真想一死了之，只有死，才可以讓我從現在所受的痛苦中解脫！」

有一天，梅耶遇到三個無業遊民，他們顯然是想要在這位猶太人身上找樂子，找回被社會踐踏得完全扭曲的面子。在梅耶的耳旁，三個流氓聲色俱厲地不斷重複一句話：「猶太豬，履行你的義務……」

在當時的社會禮儀中，猶太人只要聽到這樣的「問候」，就要向對方脫帽行禮，不管是面對三歲小孩的童言無忌，還是地痞們的故意找碴。尊嚴是猶太人從娘胎裡就被剝奪的奢侈品，梅耶只能照辦，向三個流氓一次一次地鞠躬致敬，對方像複讀機一樣不斷重複「問候」，梅耶就要像雞啄米一樣不斷點頭、彎腰致敬。

圍觀的人群為這樣的街頭鬧劇不斷喝采，叫好聲不絕於耳：

「幹得漂亮，猶太豬越來越不懂得尊重人！」

「讓猶太豬再鞠個躬！再鞠一個！」

「叫他老實一點，不聽話就揍他！」

梅耶絲毫沒有反抗之意，他全部照做，還滿臉微笑。三個流氓都折騰累了，其中的頭目又有新花樣，他將右腳伸到梅耶面前說：「今天大爺高興，就不為難你。不過，我的鞋子有些髒了，你立刻給我擦乾淨！不然……」

還沒有等他說完，梅耶已經蹲下身子掏出手帕認真擦鞋，看熱鬧的人本來打算離開，看見這個陣勢又哄笑起來，好戲顯然還沒有完。流氓頭目似乎受到鼓勵，一腳把梅耶踹倒在地，並且大聲吼道：「你好大的膽子，

---

1. 統一之前，德國是一個諸侯割據、群雄紛爭的地區，貨幣體系相當混亂，有「荷盾」、「塔勒」等大約300種貨幣在市面流通。

竟然敢蹲著給我擦鞋，你給我跪著擦！」梅耶趕緊爬起來，然後雙膝跪下，繼續替他擦鞋，直到將一雙鞋擦得乾乾淨淨。

人群裡發出嘲諷的規勸：「猶太豬，我看你還是當基督教徒吧！免得受這份罪！」

流氓頭目終於開口了：「猶太豬，今天算你走運，你可以滾了！」罵完，他還不忘朝梅耶身上啐一口。

梅耶依然滿臉露出恭敬的微笑，向三個流氓各自鞠躬，然後抹掉痰跡，拍掉膝蓋上的灰塵，像一切都不曾發生過一樣繼續趕路。

也許那時梅耶就下定決心要學好法律，將來為更多的猶太人提供保護，不過他的學業很快被迫中斷。1755年，父親真的「從痛苦中解脫」。第二年，母親也隨之而去，他們都死於瘟疫。那一年，梅耶12歲，在親戚的鼓勵和資助下，到漢諾威的奧本海默家族銀行當銀行學徒。因為父親在世的時候對梅耶傾注大量心血，尤其在借貸等商業知識、貨幣兌換生意方面對他悉心調教，所以他做得很出色。

梅耶‧阿姆謝爾‧鮑爾在奧本海默銀行當了四年聽差之後，就被升為辦事員。如果他願意再當十年辦事員，然後再當十年信貸員，有可能在第三個十年被升為首席會計師，他也許可以在六十歲的時候成為銀行的合夥人。但是，梅耶做出不可思議的決定，做起「撿破爛」的生意。當時，德國兵荒馬亂，他到垃圾堆裡撿有錢人不要的衣服，洗淨後再低價轉賣給窮人，並且逐漸由「破爛王」轉行為二手服裝店老闆。

在「二手市場」的所有店鋪中，梅耶發現只有古董店生意興旺，一些破衣爛衫的流浪小孩總是在店裡進出，進出門時總是一副興高采烈的表情。透過長期觀察，梅耶終於刺探到對方的商業機密。

統一之前的德國由多個小公國組成，各自發行不同的貨幣。各國的貴

族們為了炫耀或攀比，千方百計地搜羅各國勳章、貨幣用以收藏，商人們也因此看到投資價值，交易市場就此形成。在古董店裡穿梭的那些流浪小孩從垃圾堆撿來舊錢幣、舊勳章，然後賣出，他們不知道其收藏價值，能換點小錢就十分高興，古董商從中賺取的高額利潤是賣二手服裝的梅耶無法相比的。

從此，梅耶又做起老本行，只是這次改成找舊錢幣、舊勳章，甚至為此將庫存的二手服裝低價處理。與那些在垃圾堆裡盲目找尋的人不同，由於梅耶曾經在銀行當過學徒，也從父親那裡學到許多錢幣的知識，所以對各國的貨幣情況瞭若指掌。在常人眼裡被視為垃圾的不起眼的「輔幣」，梅耶視為至寶，如果被人撿走，也會低價將其收購過來，甚至直接在垃圾堆上做生意。梅耶白天在臭氣薰天的垃圾堆邊忙碌不停，晚上還要將收集的舊錢幣、舊勳章分類整理，清洗打磨，再將光彩照人的成套收藏品賣給古董店，因此他的收入十分可觀。

梅耶後來回憶說：「在我年輕的時候，我是一個非常活躍的商人，但是我做生意沒有組織性，因為我還是一個學生。」梅耶所說的學生，就是指學習《猶太法典》時的他。

《猶太法典》原意為「偉大的研究」，是猶太人口傳的律法，也是猶太人的生活聖典。猶太人認為《猶太法典》高於所有法律，質疑《猶太法典》比質疑《聖經》更邪惡。

「金錢是有力的，落地有聲，能止住惡言。」

「把物品賣給需要物品的人不叫經商，把物品賣給不需要物品的人才叫經商。」

在《猶太法典》中，我們可以找到這樣的話。雖然在經營上缺乏一定的組織性和系統性，梅耶卻具備準確的判斷力和在生意場上討價還價的技

巧。

在所有的生意往來中，梅耶盡量保持誠實守信、正直坦蕩的品格，不久就被人們稱為「誠實的猶太人」，名聲傳遍法蘭克福，很快就有許多朋友介紹客戶給他，帶來更多有利可圖的生意。

有一天，梅耶得到向一位將軍兜售古錢幣的機會。他把收集到的古錢幣全部拿出來給將軍和他的朋友們觀賞，並且侃侃而談每一枚錢幣的來歷和有關典故。這位將軍就是埃斯多夫上校，兩人很快結成莫逆之交。

埃斯多夫毫不猶豫地把梅耶推薦給狂熱的古錢幣收藏家——黑森-卡塞爾的威廉王子[1]，很快地，梅耶就得到王子的召見。

會面之前，精明的梅耶透過哈瑙商界的朋友，把威廉的底細打聽得一清二楚——這位對金錢有天然狂熱，以向其他國家「出租軍隊」賺錢而聞名的未來君主，對各種投機生意極為熱衷，尤其是漂亮的收藏品。如果不是註定要繼承王位，威廉王子必定是一個天才的商人。

---

1. 威廉王子，1785年成為黑森-卡塞爾伯爵威廉九世，1803年成為黑森選侯威廉一世，1806年因為領土被西發里亞王國吞併而被迫流亡丹麥，1813年得以復辟。

結識威廉王子

梅耶被看門人帶入威廉王子的接見廳，他躬身行禮，然後小心翼翼地拿出夾在腋下的一個精緻的對折羊皮本，向威廉王子展示：「殿下，我是一個身分卑微的古董商，能見到殿下是我莫大的榮幸。我這次來，不是為了向殿下推銷東西。承蒙埃斯多夫將軍告訴我，您對收集古錢幣感興趣，今天我特地給您帶來一套已經絕版的15世紀圖林根銀幣，請您賞臉笑納。」

當時，收藏古錢幣是絕大多數歐洲王公貴族的一項雅好。圖林根公國已為薩克森王國所滅，圖林根銀幣因此在歐洲錢幣收集圈裡被視為珍品，即使是零散的圖林根銅幣，也可以賣到100英鎊一枚，所以圖林根銀幣非常討威廉王子的喜歡。看到這套市場上罕見的圖林根銀幣，威廉王子按捺不住興奮的心情，喜不自勝地抓過梅耶呈上的收藏，逐個抽出嵌套在夾子裡的古銀幣，愛不釋手地欣賞起來。

威廉王子把玩了片刻，突然像想起什麼似的，對埃斯多夫將軍耳語道：「將軍，你看這些是不是真貨？不會是那些騙子們仿造的吧？」

「是真貨。」埃斯多夫斬釘截鐵地回答。

為了討好威廉，將軍又補上一句：「殿下，這套錢幣是羅斯柴爾德的鎮店之寶，法蘭克福的古董商都知道這套古幣，上次威瑪公爵出五萬荷盾要買，羅斯柴爾德說什麼也不賣！」

威廉王子聽到這席話，才放下心來。他清了一下嗓子，拿足架子，對端坐在客座上的梅耶說：「羅斯柴爾德先生，埃斯多夫將軍多次向我推薦你，說你是一個精明誠信的商人，今日得見，果然名不虛傳。法蘭克福距離哈瑙不遠，以後如果你有什麼好貨色，儘管拿來便是，本王喜愛收集古錢幣，在價錢上不會虧待你，這一點你可以放心。」

　　「感謝殿下的賞臉。我不會辜負殿下的信任，只要看到最好的古董，我會第一時間呈送殿下。殿下公事繁忙，我就不多打擾了。」言畢，梅耶向威廉王子與埃斯多夫將軍各施一禮，然後恭敬地退出接見廳。

　　梅耶前腳剛邁出大廳，威廉王子就快步走入內室，他的生意頭腦開始高速運轉起來。幾天以後，在哈瑙宮廷內，威廉王子舉辦盛大舞會，並且邀請哈瑙周圍50位最富有的德國王公貴族前來參加。很快地，這套古幣被符騰堡國王以六萬二千荷盾的高價買走，威廉王子非常高興。他想，這個梅耶，是一個能為我帶來財運的人！

　　聽到這個消息的梅耶開心地笑了。為了讓威廉王子記得他的好，他再次登門拜訪，這次他帶來更有價值的漂亮收藏品，包括稀有的錢幣、紀念章和金鏈子，然後以幾乎等同於白送的低價「賣」給威廉王子。

　　有句古話說得好：「殺頭的生意有人做，賠本的生意沒人做。」為什麼梅耶要吃眼前虧？以小損而換大益是戰爭中的重要戰術，這種重要戰術又稱為「損」戰，在商場中是一種明虧實賺的把戲，梅耶當然深諳此道。有時候，吃的虧是明顯、表面的，但佔的便宜卻是無形、長遠的，何樂而不為？

　　一天夜裡，梅耶對店裡的夥計吩咐：「再幫我挑幾套15世紀的古幣，明天我有妙用。」在夥計挑選古幣時，梅耶並未閒著，他忙著秉燭寫信給威廉王子的宮廷事務大臣。除了表達對王子的忠誠與感激之外，他親自編

制一套專門為王子量身打造的古幣目錄，裡面收錄大量珍奇古幣。此外，梅耶還將這些古幣明碼標價，與市場價格相差無幾，唯獨最昂貴的那幾套15世紀的古幣卻標以半價出售。

不到三天，收到古錢幣目錄的宮廷事務大臣就寄來回信，稱威廉王子要求以目錄價格購買十幾套古幣，尤其是半價的15世紀的古幣，一個都不能少。收到回信，梅耶立即雇了一輛馬車，將古幣悉數為王子送上門。爾後，威廉王子高價轉賣古幣的消息傳遍收藏界。梅耶聽說以後，笑得意味深長。

之後，這種半賣半送的交易持續了四年。到了1769年春天，梅耶終於決定出手了。

時年26歲的梅耶·阿姆謝爾寫了一封極為謙恭的請求信給威廉王子，談到對王子履行的各種諾言，使王子得到最貼心的滿足，然後懇請「得到王子最寬厚的優先授權而成為王宮代理人」。梅耶進而承諾，將會永遠奉獻所有的能力和財產為王子服務。在信的結尾，他說了一句極其誠實的話——如果獲得這項任命尚需討論，他希望得到商業上的尊重。

這封以極其謙卑的表達方式寫成的信，是羅斯柴爾德家族眾多成員寫給那些具有重要地位的達官顯貴們無窮無盡的信中的第一封。這些信件中，有許多請求都得到恰當的考慮，並且為這個家族掘取財富產生巨大的幫助。梅耶的第一封信取得威廉王子的信任，任命在1769年9月21日正式生效。此後，羅斯柴爾德的名稱後附上裝飾性的字尾——「黑森-哈瑙國王宮代理人」。

對羅斯柴爾德這樣的猶太商人來說，頭銜和爵位帶來的經濟利益遠遠超過它本身的價值。換言之，除非他們可以擁有某種放在姓名前面或後面的頭銜，否則所有通往上層社會的大門都會關閉。在這樣的特權社會裡，

羅斯柴爾德家族爭取正式身分的迫切心情也就不難理解。

梅耶・阿姆謝爾將亮閃閃的「王室供應商」銅牌釘在自己略顯寒磣的店門前，同時在歐洲劇烈的戰爭衝突中，這塊銅牌開啟一段波瀾壯闊的家族史。

1770年8月，二十七歲的梅耶・阿姆謝爾迎來人生中的另一件大事，他娶了沃爾夫・薩洛蒙・史納培十六歲的女兒哥特爾為妻。當時，史納培還有一個特殊身分——「宮廷猶太人」。

在這個婚姻中，梅耶・阿姆謝爾不僅得到數目不菲的嫁妝，而且因為與哥特爾結合使其後嗣具有高貴血統。在羅斯柴爾德家族看來，這與尋求皇室的庇護同樣重要。

梅耶・阿姆謝爾和妻子是一對多產的夫婦，從他們結婚的1771年到1792年，這對夫婦每年都要生一個孩子。但是在這些孩子之中，只有10個活了下來。

在梅耶最小的孩子出生以後，梅耶的生意開始觸及銀行業。梅耶在日常的古董交易中，經常會允許一些人賒欠金錢。同時，威廉王子經常委託梅耶打造新的徽章，於是梅耶和黑森鑄幣廠也建立關係。

與布達拉斯的「生活規則」

　　1802年，由於丹麥海軍被英國艦隊摧毀，丹麥國王向表親威廉九世求援，表示願意以丹麥的國家信譽為擔保，從他手中緊急貸款400萬荷盾，以彌補巨大的財政虧空。貪財的威廉不想放過這個發財的好機會，可是他擔心借錢給表兄弟，如果對方到期不還，自己礙於情面又不便出面逼債。威廉九世和手下親信布達拉斯商議，決定採取民間貸款的方式，找一個可靠的人出面來談這筆生意，梅耶迫不及待地接下這份差事。最終，這筆生意談得很成功，各方皆大歡喜，羅斯柴爾德家族更是從中賺取豐厚的利潤。

　　在梅耶與威廉的相處中，卡爾・布達拉斯產生關鍵作用。靠著出眾的理財能力，布達拉斯在黑森宮廷裡如魚得水，飛黃騰達，35歲時就超過一大批資歷比自己老的同事，當上首席財政官。但這個新貴也有煩惱的地方，在論資排輩的黑森宮廷裡，由於升遷太快，他遭到眾多妒忌之人的中傷，顯得十分孤立。而且，布達拉斯雖然管著威廉的錢袋子，卻不太容易撈外快。有權沒錢，這是讓布達拉斯最煩憂的事情。

　　透過威廉的大管家牽線，布達拉斯很快就與梅耶打得火熱。作為見面禮，梅耶送了一套珍貴的古銀幣給布達拉斯，一來二去，兩人訂立君子協議。布達拉斯從威廉那裡拉來投資，梅耶負責營運，並且將所得利潤分給布達拉斯一份。這種交易在兩人之間有一個特別的名字——「生活規則」，它後來也成為羅斯柴爾德家族與權貴們建立政商關係的不二法則。

布達拉斯不斷將威廉的生意介紹給梅耶，為羅斯柴爾德家族打開通往金山的大門，生性多疑的威廉對布達拉斯引薦的這個猶太人不放心。有一次，布達拉斯談到梅耶是多麼忠誠時，威廉立即表示懷疑：「在我看來，他只是一個奇怪的猶太人，你為什麼如此器重他、重用他，即使在最近幾次重要的金融交易中，也只用羅斯柴爾德，讓我實在不能理解。」

布達拉斯立刻熱切地反駁。他指出，羅斯柴爾德總是在第一時間就可以付款，尤其是倫敦的那一次，而且羅斯柴爾德能巧妙地躲過法國人的眼目，跟英國人做生意的技巧又十分高明。布達拉斯的一番巧言，使威廉改變對梅耶的看法，況且自己從羅斯柴爾德手中也得到許多好處。從此以後，梅耶不再受到威廉的懷疑，逐漸成為威廉的主要銀行家，不僅如此，他還成為威廉的私人財務顧問。

有一次，梅耶提出一個購買英國股票的建議，威廉同意採納，下令用他的帳戶購買15萬英鎊的股票。1798年，在布達拉斯的關照和參謀下，梅耶以97.5%面值的優惠價格（其他銀行喊價98%），把10萬荷盾的法蘭克福市政公債轉售給威廉的戰爭基金。這一票買賣，梅耶沒有多少賺頭，因為他把這次交易作為討威廉歡心的禮物。在布達拉斯的幫助下，梅耶終於成為威廉九世的專職「財政出納」。

這時，梅耶已經成為法蘭克福極為富有的猶太人之一，生意已經轉向銀行業。在莫斯科博物館的檔案文件中，可以找到一張梅耶·阿姆謝爾的資產負債表，這張表裡所列的大部分資產是各種類型的國家債券以及個人貸款和各種公司欠債。這張負債表揭露一個事實：梅耶已經在為自己編織一張廣闊的商業信用網絡，這張網絡甚至覆蓋到德國的其他城市，包括漢堡和柏林。同時值得注意的是，債務人之中還包括著名的異教徒公司，而且黑森-卡塞爾政府以及政府的兩名官員都作為應該償還債務的債務人，出

現在這張資產負債表中。

這張值得推敲的負債表說明，梅耶不放過任何一個使資產增值的機會，尤其是在與政府打交道的過程中。雖然歐洲的政要顯貴瞧不起猶太人，但歐洲在第一次世界大戰之前劇烈動盪，使羅斯柴爾德家族有機會如火中取栗一般瘋狂斂財。他們發的第一筆大財，就是建立在丹麥王國財政破產的基礎上。

18世紀末，英國工業革命為紡織業帶來突飛猛進的發展，抽紗到染色的機械化，為人們的生活帶來空前的改變。不僅在英國本土，甚至在棉花的種植地非洲，這種變革也在悄然發生。

英國的紡織品——圍巾、手帕、方格花布在德國成為搶手貨，僅僅在法蘭克福，就有15家猶太公司從事英國紡織品的進口生意，甚至有些公司的猶太人為了生意的往來，長期留守在英國。

正是在這種背景之下，梅耶的第三個兒子南森在1798年抵達英國。在這個時期，梅耶·阿姆謝爾和南森之間保持大量的通信，信件的內容大多涉及南森在英國的生意。這時的梅耶·阿姆謝爾經常用一種家長式的口吻管教南森，在這些書信中，梅耶·阿姆謝爾會訓斥南森「忘了記帳」。在早期的生意中，南森展現一個初出茅廬少年的莽撞與粗枝大葉，老梅耶則是一個發號施令的人。

在19世紀初，作為一個紡織品貿易人，南森經常因為供應商不能滿足自己的需求而暴跳如雷，甚至計畫自己生產布料。南森不斷地在生意上爭吵，還要應付隨時而來的戰爭。

當時，南森正在追求一個英國富商的女兒——漢娜。一天，他未來的岳父李維·科恩為了帳務問題，向南森詢問為他服務的律師的名字。

南森在倫敦最早認識的人之中就有李維·巴倫特·科恩，老梅耶為他

寫了一封介紹信，讓他去見這位老朋友。三十年前，科恩從荷蘭移居英國時，就是一位頗有名氣的亞麻商人。由於婚姻關係，科恩的一些親戚都是十八世紀末十九世紀初倫敦著名的銀行家。

南森剛到英國時，李維‧科恩是倫敦猶太人社會中最受人尊敬的名人之一。他是一個大家庭的男主人，漢娜是他六個女兒中的老三，他家住在倫敦斯羅克莫頓大街11號的天使公寓。

但是，未來的岳父把這個普通的問題拋向南森時，還沒有在英國站穩腳跟的南森沒有自己的律師，但是這時的南森不好意思說出事情真相，因為南森覺得如果說自己根本沒有律師，科恩也許會認為他是一個沒有資格和女兒談論婚嫁的人。於是，他努力地在腦海中搜尋關於律師的記憶，他記得在公寓附近的一個房子門前寫著一行字——「愛德溫‧道斯律師」，他用沉著的口吻告訴他的岳父大人這個名字。

南森‧羅斯柴爾德從漢娜家走出來以後，以極快的速度拜會這位道斯先生。他向道斯闡明來意：「我要娶李維‧科恩先生的女兒漢娜為妻，我想請您為我估算一下所需費用。」這番話，向這位律師表示他將會成為科恩的女婿，律師當然很樂意為南森服務。

南森憑藉自己的機智，順利地娶到英國富商的女兒漢娜。後來，漢娜為南森生育7個兒女，羅斯柴爾德家族在英國確立廣泛的影響力。

走私暴富

1805年10月，拿破崙決定對英國發動貿易戰，於1806年11月簽署柏林敕令，對英國實行全面封鎖，下令禁止進口英國貨物。從此以後，來自英國及其殖民地的船隻被禁止進入法國以及其所轄地的港口。

一夜之間，英國商人的貨物失去重要銷路。大量貨物囤積，難以計數，給商人們帶來巨大的經濟損失。喧囂與狂熱的氛圍開始凝固，南森的一些貿易合夥人被逮捕。這個時期，南森陷入巨大的困境中。

面對法國的禁令，南森會作何反應？在世界首富的傳奇經歷中，大多數人在早期經常以賭徒的形象孤注一擲，如草莽英雄般以膽識和狡黠在「灰色地帶」遊走，以見不得光的方式迅速在陰暗角落完成原始累積，走私這項古老而神秘的方式總會成為他們的首選。

在這種情形之下，南森靠走私繼續這種商品貿易生意。南森想到這個絕妙的主意後，興奮地提筆寫了一封密信給父親。他在信中說，法國雖然是戰勝國，但工業程度落後，在今後很長一段時間內，無法滿足本國及被其征服的歐洲國家在工業品方面的需求。拿破崙對英國進行貿易禁運，簡直就是火上澆油，將會給包括法國在內的歐洲民眾帶來巨大的生活及生產壓力。羅斯柴爾德家族應該先行一步，採取走私等非常規手段，高價將英國的工業品賣給有強烈需求的歐洲國家。

可是拿破崙不是好說話的角色，在他的軍隊眼皮下走私，簡直是在

拿生命開玩笑。為此，羅斯柴爾德家族要準備四樣東西：政治後台、強大的船隊、有效的分銷管道和雄厚的資金實力。英國是一個航海國家，是第一海軍強國，擁有世界上最快、最好的帆船與最優秀的水手。在拿破崙時代，法國海軍卻不像樣，無論在航海技術還是船隻的速度和靈活性方面，都不是英國艦隊的對手。羅斯柴爾德家族沒有費多大力氣，首先輕鬆地解決船隊與分銷管道方面的問題。很快地，南森在曼徹斯特建立一支精幹的走私船隊。

羅斯柴爾德家族出重金收買拿破崙的寵臣繆拉，為走私做掩護。繆拉是拿破崙的妹夫，夫婦倆都是窮奢極侈的法蘭西第一帝國的新貴，梅耶透過達爾堡向繆拉大量進貢，於是這位元帥就成為羅斯柴爾德家族的保護傘。南森從英國放過來的走私船不幸被法國海關扣留時，只要繆拉一紙手令，最後都可以順利過關。

南森與留在法國安營紮寨的弟弟詹姆斯聯手，瞞天過海，巧妙地把英國貨物銷往歐洲各地。在風急浪高的夜裡，來自英國的羅斯柴爾德家族的馬車暗藏玄機——有一個夾層裝滿從英國破產商人手上買來的咖啡、棉花、砂糖、葡萄酒等廉價產品，貨物經由多佛海峽被運往法國，然後神不知鬼不覺地運到歐洲各國。這些走私船像幽靈一樣，在法國海軍的封鎖線下，將一船又一船貨物運往歐洲，忙得不亦樂乎。走私品的分銷管道由老羅斯柴爾德負責，早年在歐洲走街串巷的游商生活，使他對歐洲各國的商品流通管道瞭若指掌。南森從英國發運的走私貨，在歐洲沿岸國一登陸，就被老羅斯柴爾德事先組織迎候的各國批發商瓜分一空。對於南森來說，只要有更多的資金就可以賺到更多的錢。這時，手中可供周轉資金的缺乏成為羅斯柴爾德家族面臨的最大問題，南森總是向老羅斯柴爾德抱怨要去哪裡弄錢。老羅斯柴爾德思忖再三，決定向自己的秘密合夥人布達拉斯求

助。

　　當時，歐洲大陸物資極度缺乏，物價飛漲，布達拉斯很清楚一點，生活在這樣的賣方市場，如果可以從威廉那裡弄到更多的錢財交給南森營運，就可以賺回兩三倍的錢。這樣不僅對羅斯柴爾德家族有好處，最重要的是，自己也可以分到一杯羹。

　　不過，布達拉斯深知威廉的個性，他絕對不會借錢給老羅斯柴爾德這種出身於社會底層的猶太商人，所以老羅斯柴爾德打算以市場利率直接從威廉那裡貸出錢來的想法不可能實現。布達拉斯不想看著從威廉身上輕而易得的巨額利潤付之東流，他決定瞞天過海，挪用威廉的錢給老羅斯柴爾德做生意。

　　布達拉斯打算將威廉收取的放貸利息的3%進行截留，然後轉交給南森做生意，但是這點錢遠遠不夠。情急之下，布達拉斯將南森召回法蘭克福，並且與老羅斯柴爾德進行密談。

　　三人在布達拉斯家商量了一個通宵。終於，在天快亮的時候，精於策劃的南森想出一個兩全其美的主意——鼓動威廉大量購買英國公債，在錢匯到英國後，由南森先挪用幾個月去做走私生意。

　　與英國關係親密的威廉，手上持有大量的英國公債。對於英國最終會戰勝拿破崙的論斷，威廉始終有信心，只是最近幾年一直在流亡，顧不得對英國公債進行新的投資。現在勸他恢復這項投資，無論從哪個方面來看，都不會引起威廉的懷疑。南森此計得到老羅斯柴爾德與布達拉斯的高度讚賞，布達拉斯立即動身去哥托普城，建議威廉恢復買進英國公債。這個建議正合威廉的心意，因為威廉既是親英派，又是財迷，滿心歡喜地接受這個建議。

　　布達拉斯極力鼓動威廉，購買英國公債需要在英國找一個可靠的代理

人，「忠心耿耿的羅斯柴爾德先生」有一個能幹的兒子在倫敦做生意，為何不委託他辦理？布達拉斯又說，南森是一個「很老實的小夥子」，他覺得替威廉陛下做生意是一種榮耀，願意只收市場價格八分之一的佣金。當時，做英國公債的經紀人都收取交易金額2%的佣金，威廉毫不遲疑地同意了。

1809年年初，南森企盼的資金終於來到，威廉透過老羅斯柴爾德向倫敦匯出15萬英鎊購買英國公債。南森以戰時交通不便，無法及時送收據及英國公債短期看跌為由，將這筆錢在自己手上扣了三個月。他在曼徹斯特市場上，以鯨吞之勢買進15船英國細布，走私到歐洲大陸賣出，把15萬英鎊的本錢變成40萬英鎊。三個月以後，南森將15萬英鎊的公債購買憑證交給專程趕到英國的幼弟卡爾，由其送到哥托普城，交給威廉。

這樣的交易不斷地進行，從1809年到1811年，威廉透過南森，總共投資60萬英鎊購買英國公債，精力充沛的南森將這筆鉅款全部挪用。

膽大心細的南森把走私生意做得風生水起。1810年6月15日，法國政府頒布法令：法國需要某些商品，黃金和白銀被允許限量帶入。在法國的格拉沃利訥，法國政府專門開闢一塊地區用於官方預設的走私行為，南森的「走私」行為逐漸合理、合法。

突破黃金封鎖線

這個時期，在有關羅斯柴爾德家族的信件中，能夠找到這樣的字句：「他們的父親年事已高，體弱多病。他最大的兒子阿姆謝爾‧梅耶和二兒子薩洛蒙是他大量的業務活動不可或缺的幫手，第三個兒子南森幾乎一直到處奔走，四兒子卡爾非常能幹，在倫敦站穩腳跟，最小的兒子詹姆斯奔走在倫敦和巴黎之間。」

1812年，梅耶已經69歲，或許是由於久坐，他罹患痔瘡，慢性痔瘡引發直腸潰瘍。9月19日，梅耶撒手人寰。梅耶去世之後的第4天，他的兒子發了一封信函給合夥人，並且在這封信中寫道：他永遠存在於我們和他的合夥人的記憶中。

事實上，這封信也向羅斯柴爾德家族的合夥人傳遞一個訊息：羅斯柴爾德家族的生意將會繼續下去。

梅耶的第三個兒子南森個性強勢，有人問他去英國的原因，他這樣描述：由於得罪一個英國商人。

英國的貿易公司代理的貨物在法蘭克福非常暢銷，以至於達到這樣的程度：「只要賣給我們，就是幫了我們一個大忙。」但是南森卻因為過於強勢，冒犯這家公司的商人，結果這個人連貨樣也沒有讓南森看到。南森一氣之下，自己來到英國。當時，他除了德語之外，什麼也不會說。

當年，老梅耶最精明的「投資」是購買英國國王喬治四世和他兄弟

們的未償債務，使得南森與英國皇室成員確立直接聯絡的關係，後來又藉由與薩克森-科堡家族的交往，使關係得到進一步鞏固。薩克森-科堡家族的利奧波德娶了喬治四世的女兒夏洛特，他後來成為統治比利時的利奧波德一世國王。而且，利奧波德的侄兒艾伯特成為維多利亞女王的丈夫之後，也向羅斯柴爾德家族尋求財政援助。作為回報，維多利亞的長子繼承王位、成為愛德華七世之後，與羅斯柴爾德家族的許多成員都保持友好關係。儘管剛到英國的南森在做紡織品生意時，經常與供應商翻臉，但是不妨礙他細心維護與英國皇室成員的關係。

正像本節開頭那封信描述的那樣，羅斯柴爾德家族成員散落在世界各地。除了走私商品，事實上，他們還在做另一件事情。

在1810年到1811年期間，拿破崙的大陸封鎖令開始奏效，英國爆發歷史上最嚴重的經濟危機。南森敏銳地發現，在這種情況下，保衛國家貨幣信用的守護神——黃金的價格將持續上漲。

從這時開始，南森一邊做走私生意，一邊在倫敦市場上尋找買進金條的機會。皇天不負苦心人，1810年7月，南森打聽到英屬東印度公司因為周轉困難，有意出售一批金條套現。但這批金條不零賣，東印度公司要求買主一次付清全部款項，總共是80萬英鎊。這在當時是一個天文數字，嚇退了倫敦市場絕大多數有興趣的買主。

80萬英鎊是南森到英國十年以來，透過做貿易、搞走私累積財產的近一半。南森知道這筆買賣潛在的超額利潤，毫不猶豫地把這批金條全部吃下。南森的很多朋友都認為他瘋了，但南森絲毫不為所動。因為他深知英國政府極其缺乏強勢貨幣——黃金，所以他得知東印度公司要出售黃金時，立即一分錢價格不還，全部買下。當時，英國政府也想把黃金吃下來，但是財政部官員犯了一個錯誤，認為金價短期看跌，按兵不動，錯過

時機。幾個月以後，等到英國政府明白過來，只能用高價從南森手裡買回這批金條。

1810年，拿破崙與反法同盟陷入拉鋸戰，英國向葡萄牙和西班牙派出遠征軍，騷擾法軍的後方，這支軍隊的統帥是亞瑟・威爾斯利爵士，即大名鼎鼎的威靈頓公爵。任何一場戰爭背後拼的都是錢糧，誰的經濟潛在資源更龐大，誰越有可能在戰爭中贏得最終的勝利。孤軍深入歐洲大陸的威靈頓很快發現難以支付在西班牙與葡萄牙的軍需，有一陣子連軍餉也發不出去，整天被當地供應商及手下士兵纏著催要欠款。威靈頓怒氣衝衝地寫信給英國首相利物浦勳爵：「如果您還不向我提供足額的軍需款，我的軍隊在葡萄牙就待不下去了。您乾脆把我們撤出來好了，我們這裡連軍官也開始餓肚子了！」

沒過幾個月，英國財政大臣派代表來找羅斯柴爾德家族，說服南森把這批金條賣給政府，開多少價都可以。南森開出一個高價，把金條賣給政府。英國財政部拿到金條後，又為如何將黃金運進歐洲大陸煩惱。當時，英國向歐洲各國提供的反法補貼及軍需都是經由海路運進歐洲大陸。但是隨著大陸封鎖令的吃緊，已經有許多滿載黃金的英國官船在英吉利海峽被法國海軍擊沉。

1814年1月，英國財政大臣授權首席代表約翰・查爾斯・赫雷斯雇用南森完成一項任務。「用最隱秘的方式在德國、法國和荷蘭大規模地收購法國的金幣和銀幣，總價值不超過60萬英鎊，從現在開始兩個月內，盡可能完成這項工作。」

只有羅斯柴爾德家族發達的運輸網絡，才可以幫助英國政府突破拿破崙的封鎖，把金條送到威靈頓手中。

南森決定大搖大擺地把這批黃金運進法國，然後透過老羅斯柴爾德的

貨幣兌換所，將這些黃金換成西班牙與葡萄牙的金幣、銀幣，再雇用與羅斯柴爾德家族關係很深的歐洲走私販子，通過西、法邊境庇里牛斯山的山間小路，將這些金幣、銀幣送給威靈頓。

南森發現軍事內行、經濟外行的拿破崙犯了一個戰略性的錯誤：拿破崙認為，法國應該允許及鼓勵英國的黃金進入法國，以為這樣不僅能繁榮法國的經濟，還可以逐漸耗盡英國的黃金儲備，削弱英國的金融基礎，最終使英國臣服。南森正是利用這個機會，將準備轉運給威靈頓公爵的金條公開運進法國。黃金運進法國後，南森需要在巴黎有一個絕對靠得住的接應人。於是，在與父親商量以後，19歲的詹姆斯在巴黎駐紮下來。

當時，詹姆斯在巴黎很難獲得居住證，但是受到老羅斯柴爾德恩惠的達爾堡公爵正好派上用場，因為他曾經欠老羅斯柴爾德一個人情。1810年，拿破崙迎娶奧地利公主瑪麗・路易莎，在巴黎舉行盛大的婚禮，達爾堡公爵在受邀之列。但是他因為平日揮金如土，所以手中拮据，無力置辦昂貴的行頭，老羅斯柴爾德不聲不響地送上一筆鉅款，讓達爾堡在婚禮上撐足面子。所以，老羅斯柴爾德向他提出替詹姆斯辦理巴黎居住證時，公爵一口就答應下來，不僅為詹姆斯，還順帶為卡爾與薩洛蒙辦理出法國的證件。

收到金條以後，詹姆斯迅速將其兌換成歐洲各國都認可的貨幣，如法國拿破崙金幣、葡萄牙金盎司、西班牙皮亞斯特，然後親自押運裝滿金幣的貨車，消失在庇里牛斯山莽莽的林海裡。兩個星期後，他帶著威靈頓公爵開的收據回到巴黎。有了羅斯柴爾德兄弟運來的貨幣，威靈頓公爵的部隊頓時有了精神。糧餉充足的英軍與當地的反法游擊隊一起作戰，將法軍牢牢地釘死在西班牙。

透過這次交易，英國政府與羅斯柴爾德家族建立高度信任的關係，豐

厚的佣金收入使南森變得極其富有。

由於羅斯柴爾德家族成功地完成英國政府委託的任務，威靈頓公爵很快針對「獲取充足的貨幣供應」一事寫信表示感激。正如赫雷斯寫的那樣：「羅斯柴爾德圓滿完成我們的各種服務委託，儘管他是一個猶太人，我們還是要對他充滿信心。」

1813年，透過黃金交易，羅斯柴爾德家族的財產累積高達5000萬英鎊，確立在英國的地位。四年前正式加入英國國籍的南森，在倫敦開設自己的公司，這就是英國羅斯柴爾德銀行的雛形。到了1814年5月，南森已經為政府轉運將近120萬英鎊的黃金，是最初計畫的兩倍。

一段時間裡，羅斯柴爾德家族的這條隱秘的走私通道決定歐洲戰爭格局。

同時，南森在「威靈頓黃金交易」中發現，向政府提供金融服務既穩定又輕鬆，利潤更是倍增，做了幾年的貿易和走私生意之後，南森做出一個重大決策——成立英國羅斯柴爾德銀行。對於以後羅斯柴爾德家族遍布世界的金融業務的展開，南森的這個決定意義重大。

父子合夥人

隨著對法戰爭的進一步深入，1812年，拿破崙・波拿巴率領57萬大軍遠征俄羅斯，戰爭結局是拿破崙僅剩2萬多人逃出俄國，慘敗而回。英、普、奧等歐洲大國看到法蘭西第一帝國元氣大傷，迅速組成第六次反法聯盟，羅斯柴爾德家族需要源源不斷地向反法同盟提供戰爭資金。

1814年，卡爾在籌集一筆賠款的時候，發現羅斯柴爾德家族沒有一分錢可以動用，只剩一個辦法可行——發行一種和商品不相關的融通匯票。實際上，這種辦法更像一種詐騙手段。融通匯票又稱「空票據」，是一種既沒有原因債務也沒有對價的授受、專門為取得金錢的融通而發出的票據，它不是以商品交易為基礎產生的票據，而是完全為了資金融通簽發的特殊票據。

這時的羅斯柴爾德家族的成員手頭都開始吃緊，南森毫不掩飾地在信件中，談到阿姆謝爾和卡爾向他「要錢就像是瘋子一樣」。

財務危機讓羅斯柴爾德家族兄弟之間出現激烈的衝突，首先是阿姆謝爾氣得病倒，薩洛蒙也受到傷害，並且憤憤不平。然而，他們的抗議無法動搖南森強硬的態度，他寫信給幾個兄弟，揚言道：「我必須承認，我徹底厭倦週期冗長的生意和令人不愉快的結果……從今天起……我想如果薩洛蒙關閉巴黎的業務，帶著帳本來倫敦再好不過。大衛森可以帶著阿姆斯特丹的帳目過來，屆時我們就可以清理帳目。我也希望得到法蘭克福的帳

目……因為我厭倦合夥人制度……」

班傑明・大衛森是羅斯柴爾德家族的高級雇員，南森的這一番話顯然是以解散家族的合夥生意相威脅。即使羅斯柴爾德家族擁有很多財富，但那只是停留在帳戶上的一長串數字，在手頭吃緊的情況下，羅斯柴爾德兄弟之間開始出現不團結跡象，以致焦頭爛額的南森對合夥人制度產生懷疑。毋庸置疑，對於羅斯柴爾德家族成員來說，這是一段艱難的歲月。薩洛蒙這樣抱怨：「自從1811年以來，哪裡的業務需要我，我就會去哪裡。如果今天西伯利亞需要我，我就會去西伯利亞。請幫我一個忙，不要再寄給我讓人不愉快的信件。我一個人孤零零地坐在旅館裡，經常在一支蠟燭的昏暗光線下……我們現在還有什麼快樂可言，年輕時的歡樂已經離我們而去。」

1815年，拿破崙逃離厄爾巴島，使歐洲局勢繼續陷入不明朗的混亂之中，補貼款的生意也發生巨大變化。同時，英國政府對南森的老朋友，軍糧供應大臣——赫里斯產生懷疑，這種態度使得猶如驚弓之鳥的赫里斯開始親自過問這些業務的帳目，羅斯柴爾德家族成員如坐針氈。

在補貼款生意中，正像羅斯柴爾德家族早年的走私生意一樣，不是所有的交易都可以拿到檯面上說。

羅斯柴爾德家族在補貼款業務的早期，曾經利用利率差來獲取利潤，也在與各國政府的交易中對俄羅斯進行賄賂。這些都需要一個強大的財務來粉飾混亂不堪的帳本，以應對十分挑剔的赫里斯。最後，班傑明・大衛森將帳目梳理平整，並且向世人展示出，在補貼款生意中，羅斯柴爾德家族在9個月的時間裡，承擔龐大規模的業務，並且為政府帶來利潤，自己沒有獲得什麼利潤。

查帳風波也讓五兄弟開始反思家族的合夥人協議。這時，詹姆斯考

慮在巴黎成立一個公司，是否繼續沿用羅斯柴爾德家族的名字成為一個問題。

梅耶曾經在臨終前告誡五個兒子：「只要你們團結一致，你們就會所向無敵；你們分手的那天，將是你們失去繁榮的開始。」為此，家族徽章被設計成一隻大手抓著五支箭的形象，以《舊約聖經》「折箭訓子」的典故警示後世：單獨的一支箭很脆弱，很多支箭放在一起很難被折斷。

從剛起步開始，梅耶·羅斯柴爾德就為家族企業制定一條規則，它此後被嚴格執行一個多世紀——家族的男性後代，以運作家族企業而言，是最核心的部分；親家們被視為外人，不被允許插手家族企業的管理工作。在梅耶寫給南森的一封信裡，可以很明顯地看出這一點：「親愛的南森，如果我們的信件直接交到你手上，我們可以想說什麼就說什麼。還是說你是和你的家人（指南森的岳父科恩）一起閱讀信件？請告訴我。」

早在此前，老羅斯柴爾德就把家庭或私人通信與商業通信區分開來。家庭通信通常用希伯來語書寫，商業通信通常用德語、英語和法語書寫。他一再提醒南森：「我上次就重申過，你的希伯來語用來寫家信很合適，但商業信件你必須用德語、法語或英語來寫。我不能把你用希伯來語寫得亂糟糟還夾著家事的信件交給我的秘書處理。」

為了進一步把家族生意規範化，1810年9月，梅耶與三個兒子阿姆謝爾、薩洛蒙和卡爾散發一些宣傳單，稱自己將成立家族公司進行合夥經營。在此一年前，家族成員受到薩瓦那的盤問時，梅耶仍然稱自己是公司的唯一負責人，他的兒子只是助手。他們還在猶太街買了一塊空地，為公司建立辦公場所。與此同時，在正式的合夥協議中，羅斯柴爾德家族明確宣布：「一個貿易公司已經存在。」在這個公司中，梅耶與他的兩個兒子阿姆謝爾、薩洛蒙是生意上的合作夥伴。不久，他的另外兩個兒子卡爾、

詹姆斯也被吸納為合夥人。

協議還明確規定，在這個「父子公司」裡面，梅耶保持獨一無二的領導地位，而且還享有在合約期間撤回股份的特權，並且掌握公司聘用和解雇員工的權利。此外，兒子們只有在他的許可下，才可以結婚。

最後，幾個兄弟商議建立一種聯合商業機構，這樣的商業機構按照五個合夥人各自的責任進行運作，但最後共同擁有協調一致的利益。隨著這個協議的確立，羅斯柴爾德家族的生意獲得一種更深遠、更持久的商業模式。

如果說財務危機增加兄弟之間的怨恨與埋怨，面臨有家族以外的勢力威脅時，羅斯柴爾德家族的團結又是牢不可破的。

建立獨立的情報網絡

　　羅斯柴爾德家族之所以能順利完成任務，在於具備現成的情報系統——南森在倫敦，阿姆謝爾在法蘭克福，詹姆斯（南森最小的弟弟）在巴黎，老梅耶的第四個兒子卡爾在阿姆斯特丹，詹姆斯的兒子薩洛蒙在南森認為可能需要他的任何地方。

　　南森五兄弟利用市場之間的差價和匯率差賺錢，比如說，如果巴黎的金價高於倫敦金價，在巴黎的詹姆斯就會賣出黃金，然後把現金發到倫敦，倫敦的南森就會用這筆錢購買更多的黃金，這個過程就是套利。

　　對於羅斯柴爾德家族來說，落後的通信方式無法滿足資訊傳遞的需求。對於涉及區域如此廣闊的業務，郵政通訊的速度過於緩慢，而且還有其他潛在的風險——通訊的內容得不到保護，這種狀況給羅斯柴爾德兄弟帶來很大不便。他們經常要進行大量生意上的商討，通常涉及商業機密，而且也要求傳遞速度更快捷。

　　為了可以快速獲得準確的秘密資訊，羅斯柴爾德家族與法蘭克福負責郵政事務的圖恩和塔克西斯家族建立親密的聯繫。圖恩和塔克西斯是法蘭克福的皇室家族，上司是卡爾・安瑟倫殿下，他在古羅馬帝國世襲的郵局局長跟前是一個說得上話的紅人。這個家族是米蘭血統，在義大利被稱為德拉・托雷，在法國則是德・拉・托爾。在15世紀末，這個家族萌發創辦郵局的想法，將郵政體系介紹到泰羅爾。1516年，受到馬克西米利安一世

大帝的委任，這個家族負責維也納與布魯塞爾之間的郵政事務。圖恩和塔克西斯家族讓國王掌控從所謂的機密信裡獲得的資訊，進而獲得郵政行業的壟斷地位。

只要跟圖恩和塔克西斯家族關係密切，就可以獲取機密消息來牟利。所以，梅耶‧阿姆謝爾‧羅斯柴爾德為此花費大量的時間和精力來討好圖恩和塔克西斯家族，並且在一筆筆金融生意中，博得圖恩和塔克西斯家族的歡心。

但是，隨著羅斯柴爾德家族在世界各地展開業務，法蘭克福的郵政服務已經不能滿足業務的需要。經過再三斟酌，羅斯柴爾德家族決定建立自己的情報系統。他們從5000萬英鎊的家產中撥出一大筆錢，專門建立一個龐大的、橫跨歐洲的、高效的定期通訊網絡。

羅斯柴爾德家族不僅建立五國聯絡網，還在其他重要市場如紐約、莫斯科等地安排代理人，負責收集最新的金融和政治資訊；不僅派遣專職的信使帶著信件穿梭往返，還想盡辦法提升消息傳遞的速度，如向船長支付額外費用、用不同顏色的信封表示漲跌、使用信鴿。例如，在信鴿傳出去的信中，「AB」意指消息利多、買進股票，「CD」則相反。他們還請專家完善已有的密信系統，將密碼進一步升級，使之更難破譯，同時採用多個路線寄出信件複件以避免延誤。1814年，阿姆謝爾提出一個在法蘭克福克服延誤問題的聰明方法：如果匯率上升，他的弟弟們用藍色信封寄信給他；如果跌了，則用紅色信封。

此外，羅斯柴爾德家族高價購置最快、最新的交通設備，如快帆船、郵車，又重金雇用一批精明機靈的情報員，將他們分布到歐洲各個戰略要地，晝夜不停地收集情報，從政治、軍事、商務資訊到社會熱門話題，無所不包。

這個傳遞系統遠遠超過任何官方資訊網絡，無論是從系統的效率還是從速度和準確度上說。這個資訊傳遞系統使羅斯柴爾德家族可以在第一時間獲得重要資訊，並且趕在消息影響整個市場前買進或拋出證券，其他商業競爭對手難以望其項背。對於這張通訊網絡，甚至有這樣的傳言：「任何一個大臣都沒有與秘密特務和政治間諜進行如此的溝通……透過這些資訊來源，他掌握的奇怪和隱藏的事情通常能嚇到那些聽他講故事的人……世界歷史的秘密是他的消遣內容。」

1820年，法蘭西國王路易十八的侄子貝里公爵遇刺身亡，羅斯柴爾德家族的情報很快派上用場。路易十八沒有子嗣，所以貝里公爵成為最有可能繼承王位的人。一個政治狂徒殺了貝里公爵，他以為這樣可以使法國國王後繼無人，進而拯救整個法蘭西。及至貝里公爵的死訊傳出，證券市場暴跌的時候，先行得到消息的羅斯柴爾德家族已經做好周密安排。

那時，羅斯柴爾德家族專用的信使馬車在歐洲的公路上飛馳，羅斯柴爾德雇用的快帆船穿梭於海峽之間。在歐洲各國的街頭，羅斯柴爾德家族情報員的影子幽靈般地在每個人群聚集處徘徊，身穿藍底黃條制服的羅斯柴爾德家族信使在歐洲各國之間忙碌地駕著馬車趕路，他們不辭辛苦地傳遞現金、債券、商業信件與情報。

剛開始，情報系統只限於聯繫倫敦、法蘭克福和巴黎的三兄弟。隨著奧地利的生意不斷發展，薩洛蒙在那裡待的時間越來越長，情報系統也延伸到維也納。

奧地利駐倫敦的代表們經常與羅斯柴爾德家族有頻繁的書信往來，他們很快感受到這種私人的快遞系統更為便捷。而且，他們將最重要、最機密的信件交給快遞系統代為傳達，根本不用擔心羅斯柴爾德家族的信使會「攔截」他們的信。

在那些年月中，羅斯柴爾德家族可以為那些希望結交的政治家和外交官提供非常出色的服務。他們不僅能提供私人銀行服務，也可以比正常的郵遞途徑更快地投送信件，因為這個郵政系統確實「非常安全而且快捷」。

第二章：放貸給政府的人

1813～1832

滑鐵盧的背後贏家

　　羅斯柴爾德家族利用分布在世界各國的情報系統獲取政治、經濟情報，迅速地互相溝通。他們往往能夠迅速瞭解各地的政治、經濟動向，迅速採取行動，出奇制勝。

　　1815年6月18日，在比利時布魯塞爾近郊展開的滑鐵盧戰役，不僅是拿破崙和威靈頓兩支大軍之間的生死決鬥，也是成千上萬投資者的巨大賭博，如果英國戰勝，它將會成為歐洲的主宰，英國公債會猛漲；如果英國戰敗，將是英國公債跌，法國公債漲。因此，在英、法證券市場上，在哪頭做多、哪頭做空，將是最瘋狂的賭博。押對的人會成為世界金融的主宰，押錯的人會傾家蕩產。對錯的關鍵，就是看誰能最先得到滑鐵盧戰役最準確的戰報。

　　早在這場戰役開始之前，南森就在即將開戰的戰略要點奧斯滕德、根特、布魯塞爾及巴黎、盧森堡進行周密布置，提前一個月派出羅斯柴爾德家族最優秀、最能幹的情報員，不停地向南森發送備戰資訊。在兩個陣營的軍隊裡，羅斯柴爾德家族都安插眼線。反法同盟軍隊裡，羅斯柴爾德家族在威靈頓的軍隊裡安排一位高居參謀軍官之位的密探。在黑森和普魯士軍隊裡，阿姆謝爾請布達拉斯安排一位上校和一位將軍。拿破崙軍隊方面，薩洛蒙透過達爾堡公爵的介紹，認識一位拿破崙的貼身侍衛官與內伊元帥部隊裡的一名騎兵軍官。在隔英吉利海峽相望的英國多佛港與法國加

萊港,南森分別布置5艘性能一流的快船,晝夜待命。此外,還有6位獨立的羅斯柴爾德情報員,以隨軍商人的身分,分別跟著兩個陣營的大軍開進滑鐵盧。在他們裝貨物的馬車裡,都放著一個鴿籠,裡面裝有24隻經過訓練的信鴿,準備在最後的戰果出來以後,就飛往巴黎與倫敦,向詹姆斯與南森的居住地報信。

到了傍晚時分,拿破崙的敗局已定。羅斯柴爾德的情報員們快馬加鞭,第一時間把法軍戰敗的消息送到巴黎詹姆斯的居所。詹姆斯迅速地將各份報告綜合,寫了一封只有兩行字的密碼信件,做成六個抄本,同時派出六位羅斯柴爾德信使,乘坐專用的輕便馬車,從六條不同的路線奔向加萊港。很快地,獲知確切消息的南森立即動身,趕在政府急件快遞員之前幾個小時返回倫敦。

得到消息後的南森立刻把這個消息告訴英國政府,那還是在戰役結束以後的早上,比英國將軍威靈頓的信使早到幾個小時。可是人們沒有相信他的話,不過他後來還是得到政府的讚賞和欽佩。

在履行作為一個奉公守法的英國人應該履行的義務後,南森走進倫敦股票交易所的交易大廳。許多天以來,這裡籠罩在極度的緊張與不安的陰影中。開盤以後一個多小時,在官方公報未公布之前,南森指揮自己的那群代理人開始做空英國公債。代理人像發瘋一般地瘋狂拋售,很快地,場內其他經紀人開始沉不住氣,也加入拋售的行列。拋!拋!拋!英國公債就像跳水一樣直往下跌,恐慌籠罩著整個證券交易所。這個時候,連最老練的經紀人也動搖了:「羅斯柴爾德都拋了,我們還等什麼!再不拋,公債就要變成廢紙了!」於是,英國公債以前所未有的速度狂瀉,這天下午收盤的時候,英國公債的價格竟然被打到崩盤的價位,市場立刻一片恐慌!此時,南森的那批秘密代理人卻在底部悄悄吸貨。

第二天清晨，倫敦的所有報紙在頭條刊登「滑鐵盧大捷」的消息，倫敦證券交易所一開市，英國公債就跳空高開，南森兄弟一舉賺進2.3億英鎊！相當於現在的500億美元。要知道，股神巴菲特投資60年，截至2007年也就是全球金融危機之前，身家也不過才500億美元。

羅斯柴爾德家族在滑鐵盧這件事情上未卜先知的能力，讓英國政府的官員們瞠目結舌，偉大的羅斯柴爾德也由此大賺一筆。一個世紀之後，倫敦的羅斯柴爾德家族又比日本駐英國的使館早兩天獲得日本海軍全殲俄國艦隊的消息。由於羅斯柴爾德家族消息靈通，被人們稱為「無所不知的羅斯柴爾德」。

為了保密，他們有專門的信使，彼此用密碼進行聯繫。例如，老羅斯柴爾德的代號是「阿諾迪」，威廉伯爵為「戈德斯坦」，把在英國的投資稱為「鱈魚乾」。數年之後，羅斯柴爾德家族擴展到美洲以後，他們仍然用這種方法保持歐美之間的聯繫。美國內戰即將結束的時候，倫敦的萊昂內爾（南森之子，1808—1879年）收到他的代理人從美洲發來的一份電報，內稱：「夏勒姆先生將至」，夏勒姆是意第緒語「和平」的譯音。有時候，英國維多利亞女王寧願用羅斯柴爾德家族的信使來傳遞她的信件，不用英國的外交郵袋，就是因為羅斯柴爾德家族內部的情報傳遞系統迅速又可靠。

羅斯柴爾德家族第六代掌門人大衛·羅斯柴爾德的這段話，應該能作為羅氏家族情報系統如此發達的解碼：

「我們這個家族從事的領域需要有很好的判斷力，但前提是要掌握大量的資訊和情報，如果你自我封閉，然後閉門造車，那肯定是不能成功的。我們這個家族保持一種傳統，就是我們跟政府靠得很近，所以我們知道政府在想什麼，我們也知道公眾在想什麼，公眾害怕什麼。同時，我們

也和那些大公司很接近，所以我們對於他們的戰略瞭解得很清楚。幾代人的努力累積下來，你的判斷力肯定更加敏銳。」1815年的滑鐵盧戰役，讓拿破崙走入窮途末路，對於羅斯柴爾德家族來說，這場戰役卻是其發跡的始端。

拯救英格蘭銀行

拿破崙戰爭結束以後，歐洲政局穩定，政府債券的發債成本降低。1822年發行的政府債券收益率是5%，到1824年已經降到3.3%。對於投資者來說，政府債券雖然安全，但回報不高。

當時，羅斯柴爾德法國銀行的重要業務是將利率高的政府債券轉變成利率低的新債券，這在法國還是新生事物，但是在英國已經流傳甚久，羅斯柴爾德順理成章地藉此收取高額代理費。很多持有債券的人不願意接受低利率，而是選擇贖回，尋找更高收益的投資，他們將目光投向新興市場。

隨著西班牙帝國的衰落，它之前的殖民地國家紛紛獨立。1822─1825年之間，哥倫比亞、智利、秘魯和瓜地馬拉在倫敦成功發行價值2100萬英鎊的債券。那些計畫勘探新世界的英國礦業公司的股票也很搶手，其中一家名為盎格魯-墨西哥的公司股價在一個月內從33英鎊瘋漲到158英鎊。

拉丁美洲各國政府在英國瘋狂發售公債，引發英國大小銀行爭相承銷，到19世紀20年代，倫敦已經取代阿姆斯特丹，成為歐洲主要金融中心和外國政府的融資地，新的全球債券市場崛起速度之快令人咋舌。1820年的倫敦市場只有一支外國政府債券，到1826年已經達到23支，俄羅斯、普魯士和丹麥發行的債券因為回報較高而遭到搶購。

南森冷眼旁觀，沒有加入這股投資熱潮，而是建立一家聯合保險公

司，這是世界上第一家現代意義的保險公司，它後來更名為英國皇家太陽聯合保險公司。英國投資者翹首期盼南美的財富機會時，一個名叫格雷戈爾・麥格雷戈的蘇格蘭人來到倫敦，他自稱Poyais國酋長，向投資者和有殖民傾向者販賣政府債券和土地權利。然而，人們抵達Poyais時，發現所謂的「首都」就是被沼澤地和危險的印第安人包圍的一些土屋，這個國家只是格雷戈爾・麥格雷戈憑空虛構出來的幌子。

這起事件昭示高收益債券走向破滅的命運。同時，英國的出口猛增，一方面刺激生產和投資迅速擴大，另一方面導致原材料價格上漲。最終，供給嚴重超過需求，投資泡沫破裂，爆發危機。1825年，英國出現錢荒，貨幣危機不斷蔓延，73家在英國的銀行紛紛倒閉，發生擠兌，在48小時之內，英國人與人之間透過貨幣的交易全部停止，只能靠物與物交換。

其實，南森對這場危機早有預料，正是英國政治家、貿易委員會負責人赫斯基森主導的許多出口政策導致災難的發生，南森一直與此人意見相左，而且積怨已久。對於南森來說，他更願意看著對手如何焦頭爛額地收拾這個爛攤子。當時，在英國甚至流傳一則逸聞：南森威脅說要拿著大量小面額的紙幣到銀行櫃檯兌換黃金，進而耗盡英格蘭銀行的資金儲備。當然，這只是一個傳說。

英格蘭銀行行長曾經向政府提出建議：停止現金支付是唯一能避免危機擴大的途徑。但是提議遭到首相利物浦的拒絕，他認為銀行此舉的目的是在針對貿易政策。英格蘭銀行發出將要私自停止支付業務的警告時，英國政府才如夢初醒，內閣命令軍隊開赴倫敦各地，以免發生動盪。

面對危急情勢，經人勸說，南森表示願意拿出黃金，為每筆交易開出2.5%的費用，表示這只是出於公益目的。他還叮囑勸說者不要將這件事情公布出去，否則他會隨時被人纏著兌換黃金。僅僅在倫敦，就有六家銀行

因為擠兌而停業。最後，赫里斯出面協調，南森伸出援手，向英格蘭銀行提供黃金，同時建議政府干預貨幣市場，透過購買國庫券增加市場的流動性。

早在1823年夏天，南森就向英格蘭銀行借貸300萬銀元，以支付葡萄牙的貸款。英格蘭銀行坐落於英國倫敦市金融中心的針線街，所以南森更願意將其稱作「針線街的老太太」。當時，南森計畫成為東印度公司的金銀交易的唯一中間商，並且想與英國的鑄幣廠建立關係，但是所有計畫均以失敗告終。所以，南森對「針線街的老太太」的稱謂中，夾著哀怨和嘲弄。

在1825年12月，為了應對貨幣危機，南森出手向「針線街的老太太」提供價值30萬英鎊的金幣，並且在接下來的幾個星期內再次提供數額龐大的黃金。遠在巴黎的詹姆斯調侃：「我倒空了我的保險箱提供黃金給你。」直到市場完全恢復信心。除了詹姆斯提供的一部分黃金以外，南森還從土耳其、奧地利以及世界其他角落進口黃金，只要見到黃金就買。同時，英格蘭銀行向搖搖欲墜的銀行和公司提供資金援助，這個舉動也開創中央銀行的危機救助模式，改變整個銀行業的商業模式。由此，英格蘭銀行從一家私人銀行轉變為中央銀行，成為銀行最後的貸款人。

拯救英格蘭銀行是一項傑出成就，確立羅斯柴爾德家族在國際金融市場上的主導地位。當時，南森的大哥阿姆謝爾在法蘭克福堅守羅斯柴爾德家族銀行的大本營，二哥薩洛蒙在奧地利的維也納建立家族另一家分支銀行，四弟卡爾在義大利的那不勒斯建立銀行，五弟詹姆斯在法國巴黎也有一家銀行。由此，羅斯柴爾德家族形成遍及倫敦、巴黎、維也納和那不勒斯的金融商業帝國。

被拯救的英格蘭銀行建立的國際化合作機制，後來成為中央銀行日常

業務的開展流程，這個體系也是金本位①制度運行必須依賴的基石。

---

1. 以黃金為本位幣的貨幣制度。在金本位制下，每單位的貨幣價值等同於若干重量的黃金（即貨幣含金量）。

對手：霸菱家族

　　滑鐵盧戰役以後，詹姆斯決定留在巴黎發展。這個時候，羅斯柴爾德家族在法國的根基已經很深。根據老梅耶為家族定下的「反對革命浪潮」的態度，羅斯柴爾德家族一直向流亡的法國貴族普羅旺斯伯爵提供經濟支援。

　　普羅旺斯伯爵是被送上斷頭台的法國國王路易十六的弟弟，路易十六當國王的時候，因為獨生子年幼，立伯爵為攝政王。法國大革命以後，普羅旺斯逃亡到布魯塞爾，發表反對革命的宣言，組織流亡貴族團體，請求其他國家的君主與大革命做抗爭。路易十六死後，其侄子路易十七在獄中被保皇黨遙奉為國王，伯爵自任路易十七的攝政。1795年，路易十七死於獄中，伯爵自立為路易十八。至此，詹姆斯在他身上的投資也等到「開花結果」的一天，同一年，法國羅斯柴爾德銀行宣告成立。

　　滑鐵盧戰役以後，法國失去拿破崙戰爭中得來的大片領土，政治上陷入被圍堵的境地，國民經濟也日益凋敝。路易十八的政府在財政上捉襟見肘，只能四處貸款。在1817年的對法貸款中，作為主導的法國著名銀行家烏弗拉德邀請英國霸菱銀行的首腦拉布謝爾共組銀團，拿下這筆政府貸款的生意。烏弗拉德稱得上是歐洲銀行界神通廣大的人物——他曾經一手資助拿破崙的「百日復辟」，在拿破崙戰敗後轉而投靠路易十八，並且討得後者的歡心。

那時，霸菱銀行是羅斯柴爾德家族最大的對手。作為一家大銀行，霸菱銀行在1762年由法蘭西斯·霸菱爵士創建，因為對英國王室鼎力支持，霸菱家族獲得英國王室賜予的五世貴族爵位。

在霸菱與法國政府談判代理法國公債事宜的同時，羅斯柴爾德家族利用在法蘭克福、維也納、巴黎和倫敦形成的強大而有效的猶太銀行家銷售網絡，也意欲參與這筆巨額生意。當時，在巴黎的詹姆斯極力接近黎希留首相的秘書，這位秘書經常向羅斯柴爾德家族通告一些有價值的政府真實意圖。

但是在1816年秋冬之際，法國政府還是把承銷公債的業務交給霸菱-霍普財團。同時，霸菱-霍普財團將羅斯柴爾德家族完全排除在這筆生意之外。烏弗拉德拒絕羅斯柴爾德兄弟的請求：「羅斯柴爾德家族在這筆生意中連一口湯也別想喝到！」

羅斯柴爾德家族百般無奈之下，只能尋求加入霸菱-霍普財團，爭取第三批法國政府公債的部分承銷權。經過反覆努力，在1817年的法國公債承銷中，羅斯柴爾德家族只分到5萬英鎊的比例，吝嗇的霸菱卻表示說，這已經夠多了。

從霸菱和羅斯柴爾德兩個家族的家族文件中找到的幾封信裡，可以看出雙方的態度，羅斯柴爾德抱怨霸菱「口是心非」、「狂妄自大」，霸菱指責羅斯柴爾德「作弊」、「惡毒」。到了1818年5月30日，因為發行政府債券而嘗到甜頭的法國政府再次融資，霸菱和霍普獲得265億法郎的債券承銷業務，他們給拉菲特2000萬法郎的額度，卻只給羅斯柴爾德家族1000萬法郎。同年，霸菱-霍普財團獲得一筆300萬英鎊的奧地利政府公債業務。羅斯柴爾德家族被邀請提供財政支援，但是無權處理貸款本身。

法國貴族們自恃出身顯赫，血統高貴，一直看不起羅斯柴爾德家族，

認為他們只是一群「猶太暴發戶」，不願意和他們為伍。儘管詹姆斯在巴黎財大氣粗，豪宅華服，但法國貴族總是拿他們作為笑談，羅斯柴爾德家族被激怒了。

對於打擊對手，羅斯柴爾德家族有一套爐火純青的本領。與以往一樣，他們發動一場沒有硝煙的戰爭——大規模干預公債市場。

1818年11月5日，穩健升值的法國公債突然開始大幅下挫，很快就跌破發行價。不久，政府其他債券的價格也出現不同程度的下滑，一時之間，人心惶惶。隨著時間的推移，情況不僅沒有好轉，反而越來越糟。交易所裡的議論逐漸演變成流言，有人說拿破崙可能再次上台，也有人說政府財政稅收不足以償還利息，還有人擔心爆發新的戰爭。與此同時，路易十八的宮廷也籠罩在一片陰雲之中，債券如果繼續大幅下滑，政府以後的開支將無從籌集。高傲的貴族們哭喪著臉，詹姆斯和哥哥卡爾在一邊冷眼旁觀。

沒過多久，有關羅斯柴爾德家族在操縱公債市場的流言開始四處流傳，事實正是如此。為了報復霸菱，從1818年的10月開始，羅斯柴爾德家族大量買進霸菱家族代理的法國公債，將其價格拉至高位。隨後在同盟國亞琛峰會的節骨眼上，突然在市場上大量拋售，將其價格打到崩盤的價位，造成市場的極大恐慌。受此打擊的霸菱家族在慌亂之中大量回購這些公債，結果是杯水車薪，無濟於事。由於現金流吃緊，霸菱家族命懸一線。

聞此消息的路易十八就像熱鍋上的螞蟻，眼看自己的王冠將要不保。此時，宮廷裡羅斯柴爾德家族的代理人向國王進言，為什麼不讓羅斯柴爾德銀行出來穩定局面？路易十八再也顧不得皇家的身分地位，立刻召見詹姆斯兄弟。愛麗舍宮的氛圍陡然逆轉，被冷落許久的詹姆斯兄弟被笑臉包

圍著。

很快地，羅斯柴爾德五兄弟在「司令」南森的指揮下，出手制止債券的繼續下跌，他們由此成為法國上下矚目的明星，登門求貸的商人快要踏破門檻。在羅斯柴爾德齊心協力的攻勢面前，強硬的烏弗拉德只能低下高傲的頭顱，同意他們今後加入所有對法貸款的發行。受到空前打擊的霸菱銀行，此時也成為鬥敗的公雞。然而，這只是羅斯柴爾德家族打擊對手的一次演習。他們更大的算盤還在後面，那就是從東西兩個方向對霸菱家族進行戰略性打擊，最終將其勢力從歐洲驅逐出去。

在這個節骨眼上，霸菱家族的商業素質和進取精神衰退，其家族主要成員的興趣不是偏向政治，就是轉向文學藝術和其他聲色犬馬的生活。與此同時，霸菱家族的投資方向也出現許多重大失誤，首先是大量地產投資陷得過深，他們只好抽取銀行的自有資金支持地產投資，結果從1821年開始，霸菱投資銀行業務622萬英鎊的自有資金在兩年內銳減到只剩下1/3左右，這一切都給了羅斯柴爾德家族可乘之機。

1822年，羅斯柴爾德家族拿下俄國650萬英鎊公債的承銷，在此之前，俄國的政府公債長期由霸菱-霍普財團一手壟斷。兩年後，法國政府國債準備發行，坐鎮巴黎的詹姆斯立即召集倫敦的堂兄弟、法國首相、霸菱家族和拉菲特開會，提出重組法國債務的計畫，此時霸菱家族已經完全失去決策權。羅斯柴爾德和拉菲特在協議的補充條款上加上一條：如果霸菱退出，他們兩家就可以把這筆法國債務處理好。最終，羅斯柴爾德家族露出勝利者的微笑。

從此，烏弗拉德和霸菱家族懂得一個道理：羅斯柴爾德家族不是好惹的！到了1825年，霸菱家族和羅斯柴爾德家族已經不是同一重量級的競爭對手，羅斯柴爾德家族將霸菱家族遠遠地甩在身後。

戰爭與和平

有一種陰謀論的論調頗為駭人聽聞，它告訴人們，這個世界有四千年的歷史都是由猶太人操控的。到了近代，其操控主角是羅斯柴爾德家族，除了十月革命、「大蕭條」、一戰（第一次世界大戰，以下簡稱為「一戰」）和二戰（第二次世界大戰，以下簡稱為「二戰」）是由羅斯柴爾德家族布局發動的以外，還有之後的朝鮮戰爭、越南戰爭也是羅斯柴爾德家族的「作品」，甚至包括2001年的「9‧11恐怖襲擊」，也是羅斯柴爾德家族的陰謀。

事實上，作為商人，羅斯柴爾德家族的大多數成員非常關注社會秩序的穩定。法國大革命表現出來的狂暴，使他們本能地對這些行為產生極大的厭惡。他們憎恨一切形式的革命，哪怕這種革命是為了解放猶太人和他們自己。這種商人的本能，使羅斯柴爾德家族在風雲際會的國際政治中，始終站在反對革命的一邊。

顯然，這不是因為他們天生喜愛和平，而是出於一種實用主義的立場，他們只根據利益選擇自己的政治立場。捲土重來的革命浪潮，不只是他們潛在新業務的一個資源，更是影響金融市場穩定的一個威脅。時局動盪的直接後果，是迫使投資人大量拋出持有的債券，他們手中持有的政府公債也會一文不值。

實際上，革命對羅斯柴爾德家族財產的威脅，比起個人生命安全受到

的威脅更讓他們感到擔憂。詹姆斯很清楚這一點：「他們不會碰你的一根頭髮，但是他們會一點點地蠶食（你的財產），直到你什麼也不剩。」這就很容易理解他們對於革命抱持的觀點——不可避免的政治災難。詹姆斯的妻子貝蒂的話，很好地表示他們的這個看法：「如果我有錢，我會買一支槍，向共和國以及共和黨人開槍。」她同樣敵視德國革命。基於上述原因，在反革命的聯盟中，羅斯柴爾德家族會透過財政手段干預其他國家的事務，以阻止本地的革命取得成功。

1815年9月26日，在沙皇亞歷山大一世的倡議下，俄、普、奧三國締結成立一個國際性的反革命聯合組織——神聖同盟，公開宣稱要以軍事力量共同保衛君主政體。幾乎歐洲所有國家的君主，都簽字加入這個反革命聯盟。奧地利首相梅特涅是神聖同盟的「靈魂」，實際操縱同盟，他聲稱，歐洲「各種事物的現狀不會再有變化」，羅斯柴爾德家族對神聖同盟的影響十分深遠。

在滑鐵盧戰役後，羅斯柴爾德家族的第一筆貸款貸給普魯士，普魯士戰後債務危機加深，普魯士政府開始向英國政府求助。在這筆貸款交易中，對於普魯士不甚瞭解的南森首先和一個叫做巴蘭東的人取得聯繫，這個人實際上只是一個破產的三流交易商。薩洛蒙斥責南森的魯莽，並且匆忙地趕往巴黎，與普魯士首相進行長談。

最終，薩洛蒙的果斷救火讓這筆生意成形。在這筆貸款中，南森要求普魯士以皇家的資產作為擔保，這個條件的提出，表示南森已經闡明作為債權人的立場：即使與國家做生意，也要遵循英國當下的金融服務的規則。南森在寫給普魯士財政主管的信中，措辭強硬，並且沒有絲毫的掩飾。

「現在輪到你們完成自己的任務，希望你們履行諾言，不要提出新的

條件，所有事物必須按照像我們這樣的男人之間的約定進行，那是我希望的，正如你們能夠看到我送出我的錢一樣，人和陰謀都只是徒勞的。」

在這種規範的金融服務中，南森在1819年與羅特爾談判，通過《國債未來管理命令》，規定如果以後要獲得新的貸款，必須透過議會來商議。正是因為這個條件，普魯士是19世紀德意志所有的公國中借貸最少的國家。同時，普魯士國內的緊縮政策最終導致革命的爆發。羅斯柴爾德家族透過這筆貸款，給普魯士的財政大臣以至於德國金融市場造成一種印象：南森完全控制倫敦的匯率。由此，南森在柏林的名聲開始確立。

事實上，這筆向普魯士發放貸款的生意開啟歐洲資本市場的一個先河，英國《泰晤士報》評論：「南森是將國外貸款引進英國的第一人。」這種說法不過分。雖然羅斯柴爾德家族最初的想法只是想擺脫在法國與英國的霉運，在其他地方碰碰運氣。

1820年，義大利半島上的薩丁尼亞王國和那不勒斯王國爆發革命，革命者要求憲法，要求民主。後來，在奧地利首相梅特涅的建議下，奧軍前往鎮壓。12月，梅特涅從奧帕瓦寫信給薩洛蒙，要求他提供一筆2500萬或3000萬法郎的貸款，並且指出這將「關係到那不勒斯王國將來的命運」。薩洛蒙表示同意，但是他沒有採取任何公開的行動，這是因為：如果奧地利發行新債券籌集貸款的消息被公眾所知，可能會引發大量不確切的報導，就會使受到義大利危機影響的維也納市場行情進一步下挫。

為此，薩洛蒙與奧地利財政大臣斯塔基文達成默契：任何貸款只有等到兩西西里王國（1816年那不勒斯王國和西西里王國合併而成）國王費迪南多一世重回王位以後才可以籌集，復位以後的收益將會用於償還奧地利干預那不勒斯革命的費用。同時，他提供短期的財政援助給斯塔基文，資助弗里蒙特將軍向南進軍。

不久，前線再次發生錢糧短缺，奧地利財政大臣斯塔基文再次面臨與拿破崙時代相同的財政困境。危機進一步深化，皮埃蒙特爆發新革命的消息傳來，奧地利國家信用處於完全崩潰的邊緣，國債價格持續下跌，羅斯柴爾德家族只好再次出手制止。卡爾在費迪南多尋求獲得貸款、償還奧地利干預費用後，匆匆趕到南方。

　　奧地利政府只能向羅斯柴爾德家族求援，籌集軍費和發行公債，以便得到盡可能多的貸款，但後者對那不勒斯政權的信用評價很低，只願意提供高利率貸款。經過幾輪艱難的談判，最終雙方達成妥協，第一筆那不勒斯貸款從最初的按照54點價格發行債券、提供1000萬通用金幣，提高到按照60點價格發行債券、提供1600萬通用金幣。不僅如此，梅特涅在義大利的其他事務上也向薩洛蒙尋求支持，以滿足政府急速增長的財政需求。

　　斯塔基文悲哀地發現，無論從那不勒斯榨出多少油水，現有的收入都無法彌補其軍事干預的代價。別無選擇之下，奧地利政府只能再次求助於羅斯柴爾德家族的錢袋。儘管這個決定遭到大臣們的激烈反對，政府最終還是採取妥協態度，接受羅斯柴爾德家族最初提出的貸款條件，以換取另一筆貸款。

　　1823年，英國為了逼迫奧地利政府結束對那不勒斯的佔領，採用財政手段施壓，要求奧地利政府歸還當年在反法戰爭初期從英國獲得的貸款——本金及利息共計2350萬英鎊。奧地利政府只好再次請薩洛蒙出面，利用他弟弟南森在倫敦方面的影響力從中周旋，以降低債務數額，最終事情得到圓滿解決。卡爾不僅資助梅特涅派往義大利鎮壓革命的軍隊，而且以出色的政治手腕迫使義大利當地政府承擔佔領軍的費用。卡爾逐漸成為義大利宮廷的財政支柱，影響力遍及義大利半島。在奧地利干預義大利革命這個過程中，羅斯柴爾德家族得到的最現實的報酬是——另一筆政府貸

款業務。

　　與奧地利的軍事干預行動一樣，法國政府也面臨同樣的處境——透過舉債來滿足軍事行動需要的資金。1823年，詹姆斯最終打消復辟王朝的顧慮，獲得一大筆貸款的業務。

　　到了1822年，羅斯柴爾德家族被看作是這些同盟國的取之不盡的「金庫」，奧地利的皇帝在向別人形容南森的時候說：「比我還富有。」

操控法國「七月革命」

對於羅斯柴爾德家族來說，反對革命的動力不是在於他們的政治觀點，從詹姆斯寫給南森的信中，可以很明顯地看出來他們對復辟王朝的看法：「如果依靠一個像維萊勒或坎寧這樣的人，或是依靠議會中那些紳士們所說的東西，其中一個後果就是徹夜難眠，為何這樣說？因為他們想要得到的東西超過他們的支付能力。我們必須感謝上帝，能夠從這樣的情形中解脫出來。我們現在想說的是，『（你想）得到一筆貸款？你可以得到，無論你想要多少，並且從中獲得一定的利潤。但是如果想要把幾百萬英鎊全部據為己有，我們的回答是「不」！』」換言之，羅斯柴爾德在政治上不完全站在神聖同盟一邊，他們是有條件的支持者。

但是，在反對革命的立場中，羅斯柴爾德家族獲得史無前例的影響力和社會地位。在英國、法國、德國和奧地利，羅斯柴爾德家族擁有大量的地產和財富。雖然他們沒有在內閣中擔任過任何職位，但還是有許多政府仰仗這個巨大的金融家族，向他們屈膝求教。

1824年，法國「七月革命」爆發，查理十世政權倒台，法國處在無政府狀態中。不久，查理十世的侄子路易‧菲利普登上王位，任命拉菲特出任首席國務大臣兼財政部長，這顯然是一個壞消息，因為此人是羅斯柴爾德家族的仇敵。

「七月革命」使持有巨額政府公債的法國羅斯柴爾德銀行損失1.7億法

郎，家族面臨空前的財政危機。羅斯柴爾德五兄弟依靠家族先進的通訊系統，保持密切的溝通與合作。在生意最糟糕的時候，阿姆謝爾曾經寫信給詹姆斯：「一個人不應該感到困惑，這裡就涉及合夥關係的好處。如果我們之中的一個人失去理智，其他人必須保持平靜。如果全部失去理智——那就說『晚安』吧！我希望這封信可以讓你安靜下來，並且感謝上帝，我們獲得財富的速度比任何人還要快。」

「七月革命」爆發之後，分別在倫敦、維也納、法蘭克福與那不勒斯的南森、薩洛蒙、阿姆謝爾、卡爾四兄弟收到詹姆斯從巴黎送來的消息。他們立即拋空手中持有的所有公債，其他人得到消息而競相拋售時，五兄弟開始不動聲色地回補空頭；等到菲利普被擁立為王，搶先知道消息的羅斯柴爾德家族已經悄無聲息地買入公債，等公眾知道和平的消息後，幾天前大跌的公債迅速飆升，羅斯柴爾德家族再次大賺一筆。由此，羅斯柴爾德四兄弟在歐洲證券市場上賺到3億多英鎊，遠遠超過先前損失的1.7億法郎。

「七月革命」以後，法國國內外敵對勢力對新王權虎視眈眈，對羅斯柴爾德家族手中持有的法國公債是一個潛在的威脅。如果革命蔓延至整個歐洲，即使他們有三頭六臂，也難逃被滅頂的命運。所以，五兄弟決定，要不惜一切代價阻止戰火蔓延。

此時，所有國家，包括奧地利，已經默許法國新政權和新國王上台。沙皇也一直冷眼旁觀，看來歐洲各國已經不太可能動用武力阻止路易‧菲利普登位。

不出他們所料，法國的革命開始波及義大利。在教宗國以及義大利中部的一些王國，反對壓迫和要求宗教自由的浪潮一浪高過一浪。摩德納公爵被趕出他的王宮，波隆那宣布不再承認教宗的權威；甚至瑪麗‧路易莎

也被迫逃離她在帕爾瑪美麗的居所。在這些被流放驅逐君主們的苦苦哀求下，奧地利首相梅特涅決定派奧地利軍隊前往鎮壓。與此同時，義大利的叛亂方轉而向法國尋求幫助，但是路易‧菲利普不願意得罪那些剛承認他的王位的歐洲大國君主，只是口頭上假惺惺地表示支持。

羅斯柴爾德五兄弟密切關注革命的動向，嚴密監視那些自由派知識份子與政客的一舉一動，並且隨時將手中得到的最新情報呈交政府。詹姆斯繼續坐鎮巴黎，觀察國王和大臣們的風向，並且隨時把最新的情報送往分布在世界各地的兄弟和侄子手中，當然也少不了呈送給路易‧菲利普國王的一份。此舉很快博得國王發自內心的歡迎，思想激進的財政部長拉菲特日漸失寵，不久其職位由佩里埃取代，這正是詹姆斯所期待的。

關於法國要對奧地利宣戰的謠言甚囂塵上，人們普遍認為，新上台的法國國王菲利普是一個言而無信的人，不會信守諾言，他和他手下的大臣一直玩弄詭詐，暗地卻在做宣戰的準備。在戰爭陰雲的籠罩之下，股票市場的行情一落千丈。

薩洛蒙絞盡腦汁想要說服梅特涅不要出兵援助，他向這位首相提及，根據他收到的可靠訊息，奧地利在義大利採取的行動，將會引起法國很強烈的反應。羅斯柴爾德家族的利益和安全穩定的政治環境緊密相連，所以他們對可能危及和平的義大利事件萬分緊張，和梅特涅的期望正好相反。

1831年2月14日，在摩德納和波隆那起義的消息到達巴黎後，詹姆斯就看準了路易‧菲利普跟其他國家的專制君主是一路貨色，掀不起什麼大浪，而且法國的大臣們願意和平地解決這次事件，即使奧地利插手摩德納事件，也不會有什麼衝突發生。兩天之後，詹姆斯寫信給剛返回維也納的薩洛蒙時，信中口氣明顯變得輕鬆許多。

最終，和平得以實現。對羅斯柴爾德家族來說，最大的威脅已經解除

了。梅特涅迫於國內高漲的反戰呼聲，無法放手去進行軍事冒險，況且維也納爆發的霍亂也讓他焦頭爛額而分身乏術，薩洛蒙長期對其軍事援助行動的警告也產生很大作用。羅斯柴爾德家族提供貸款的兩個國家都沒有捲入這場革命戰火中，歐洲各大交易市場上的公債和保險交易又恢復平靜。路易·菲利普特許法國羅斯柴爾德銀行壟斷所有的公債發行，並且親自向詹姆斯頒發法國最高級別的勳章——榮譽軍團大十字勳章。不僅如此，各種合約和特許權如雪片般飛到詹姆斯的手中。因為法國「七月革命」引發的這場家族危機，羅斯柴爾德兄弟在聯手合作中安然度過。

19世紀上半葉，羅斯柴爾德家族已經成功地確立財政主導地位，歐洲一些國家爭先恐後地將貸款交給羅斯柴爾德家族處理，給了羅斯柴爾德家族大發橫財的機會，為他們積聚數不盡的巨額財富。

西班牙政局的決定者

經歷「七月革命」的滌蕩之後，在革命中失勢的西班牙國王斐迪南七世再也得不到法國政府的幫助。斐迪南國王去世以後，由於他沒有男性繼承人，一場漫長而激烈的皇位之爭拉開序幕，甚至整個歐洲都捲入這場爭鬥之中。

圍繞著王位繼承權，克里斯蒂娜皇后和斐迪南七世的弟弟卡洛斯兩派勢力展開一場激烈的爭奪。為了獲取軍力和資金作為後盾，他們向羅斯柴爾德家族請求援助，使羅斯柴爾德家族陷入兩難境地，因為他們的商業活動涉及東歐和西歐的各個國家，他們麾下的銀行遍布兩個陣營——很明顯，冒犯哪一方都沒有好處。

與以往不同，對於西班牙王室的皇位之爭一事，五兄弟的意見分歧很大。作為法國國王路易‧菲利普的心腹，詹姆斯深知這位君主的想法，如果不想惹怒國王，最好不要插手西班牙事務。遠在維也納、法蘭克福和那不勒斯的其餘幾個兄弟，也不想牽扯進去。然而，英國政府卻傾向於積極干預，面對幾個兄弟的態度，南森左右為難，一場衝突不可避免地爆發了。

儘管如此，南森仍然力排阻力，堅持接受西班牙的貸款請求。南森有自己的如意算盤：首先，此舉可以與英國政府的態度保持一致；其次，此舉有利於開拓海外收購礦產資源事業。那時，南森非常看好汞礦的開發，

作為一種稀缺資源，歐洲大陸上只有兩個產地，一個是奧地利的伊德里亞，另一個是西班牙的阿爾馬登。他想以經濟援助為籌碼，取得阿爾馬登汞礦的經營權。

不久，西班牙政府決定公開拍賣阿爾馬登汞礦的開採權。為了得標，南森使盡了手段。他先讓兒子萊昂內爾捎話給財政部高層，說願意向其提供1500萬的低息貸款，對於深陷窘境的西班牙王室而言，當然是求之不得的。與此同時，在談判過程中，羅斯柴爾德家族又對相關的政要人物進行公關，皇后收到羅斯柴爾德家族送來的一筆鉅款，據稱有50萬法郎之多。

最終，雙方皆大歡喜。羅斯柴爾德家族獲得對汞礦的壟斷權，可以將成本僅為55披索/英擔的汞以76披索甚至更高的價格在倫敦市場上出售。顯然，獲利非常豐厚。而且，他們千方百計地提高產量——西班牙政府也從中受益，一再地要求提高稅賦。

然而，由於西班牙政府連綿不斷的內戰，其財政狀況急轉直下，只好再次向巴黎羅斯柴爾德家族請求貸款，詹姆斯當然不會答應。其他的三兄弟一開始就不贊成借錢給西班牙，此時更是憂心忡忡，紛紛抱怨南森不應該一意孤行，插手去管西班牙這個爛攤子，現在搞得貸款都有可能收不回來。

費盡一番周折之後，羅斯柴爾德家族收回大部分貸款的現金，其餘的部分政府實在無力支付，只好用信用極低的阿杜安債券來抵債。與西班牙政府的這番不愉快的交易，鬧得整個家族雞犬不寧。雖然老羅斯柴爾德在遺言中要求幾個兄弟要凝聚在一起，永遠同心協力，但是這些年以來，大家都感到有些心灰意冷。然而，南森沒有氣餒，繼續以超強的意志力堅定地推進他的偉大計畫。

為了擺平這筆危機四伏的生意，在南森的領導下，羅斯柴爾德五兄弟

迅速展開對西班牙政府的報復計畫——操縱債券市場。他們投入180萬英鎊，悄悄買進西班牙公債。債券價格很快就開始下滑，從70一路跌至37，交易所裡一片驚慌，沒有人想到這只是羅斯柴爾德家族的報復。數以千計的西班牙公債持有者失去三分之二以上的財產，羅斯柴爾德兄弟們賺的錢卻遠遠超過當初被勒索失去的錢。

這樣一來，羅斯柴爾德家族最終還是達到預期目的——獲得汞礦的開採權。此外，他們透過操縱債券市場，不僅彌補了賄賂西班牙政府的那些錢，還另外賺了一筆。因此，滿腹怒氣甚至揚言分家的羅斯柴爾德兄弟們終於認識到：南森，作為羅斯柴爾德大廈依賴的支柱，就如皇家交易所的柱子一樣不可撼動。

於是，任何分裂的想法很快消逝。畢竟父親留下的那些森嚴的遺囑不可違背，「無論什麼時候，無論遇到什麼事，你們幾個兄弟必須同舟共濟，並肩作戰。」薩洛蒙的記憶裡永遠迴盪著聖歌裡的句子：「看吧，親兄弟們團聚在一起，多麼和諧幸福，多麼惹人羨慕……連上帝也會眷顧他們，為其灑下更多的歡樂與希望。」

第三章：金錢貴族

1833～1841

南森的黃昏歲月

在位於倫敦東部數英里的地方有一處私家植物園，這就是漢姆山莊，這處房產曾經屬於植物學家和醫生約翰・福瑟吉爾。福瑟吉爾在漢姆建造一個植物園，全盛時期的它規模僅次於英國皇家植物園。

現在，這處房產屬於英國著名的金融家和慈善家塞繆爾・葛尼。1833年，南森接受葛尼的邀請，帶著他的兒子安東尼、梅耶和女兒漢娜一起前往漢姆山莊。

他們沿著車道走近漢姆山莊時，首先看到的是一座質樸的莊園。山莊中大大小小的煙囪升起裊裊炊煙，對於長途跋涉者來說，這裡是安靜、溫暖的。房子的會客廳裝飾得素雅大方，餐廳不是很大，但是也不小，絲毫沒有陰沉的感覺。

宴會很成功，每個人都非常高興。參加宴會的人之中，還有英國自由黨首相湯瑪斯・福維爾・巴克斯頓。當時，南森與巴克斯頓正在聯合推動英國國會廢除奴隸制。1833年8月，這項運動進入高潮，為了讓王室批准廢奴法案，南森接受政府指派，籌集1500萬英鎊的西印度貸款，以賠償前奴隸主們因此而遭受的損失。

南森的家庭教師弗里茲・施萊默在他的自傳裡，記錄這段時期的日常生活。1836年夏天以前的十年中，弗里茲・施萊默幾乎每天都和南森一家生活在一起，同桌共餐，負責南森尼爾和梅耶的教育工作。他的職責並未

局限於做家庭教師，還要幫助漢娜整理信件，教她德語，協助南森管理非常重要的機密文件。正是因為有弗里茲・施萊默的這本回憶錄，我們可以穿越近兩個世紀，看到這位偉大的金融家的日常生活。

在西班牙業務繁忙的時候，南森特地派施萊默去學習西班牙語，以便南森可以在半夜把他喚醒，翻譯一篇郵差送來的急件。一次，法國著名外交家塔列朗王子在西班牙大使館舉行的倫敦晚宴上看到施萊默，神秘地把這位家庭教師拉到一個角落交談起來，因為他在前一天晚上去羅斯柴爾德家參加晚宴，這個舉動讓當時在場的人都感到非常納悶。

1836年4月，羅斯柴爾德家族在為南森的兒子萊昂內爾的婚事而忙碌，萊昂內爾將要娶自己的堂妹夏洛特為妻，夏洛特是南森的弟弟卡爾的女兒。

萊昂內爾在法蘭克福焦急地等待父母從倫敦到來的時候，南森卻生病了——屁股上長了一個很嚴重的癤子，他為此受了很多苦。因為劇烈的疼痛，他只能一直趴在床上。行程一拖再拖，南森直到6月9日才到達法蘭克福，這時南森的兄弟薩洛蒙和安瑟姆（薩洛蒙的兒子）已經從維也納趕到法蘭克福。

南森和漢娜被安排住進羅馬皇帝飯店，南森仍然臥病在床，他的病情打亂了羅斯柴爾德家族的家庭聚會，讓大家覺得很掃興。漢娜為南森從海德堡請來一名醫生，醫生為南森開刀，由於沒有嗎啡，在當時是非常危險的。手術的結果非常令人滿意，醫生說，南森的康復只是時間的問題。

漢娜樂於以一種更樂觀的口吻向別人描述自己當時的心情：「我和你們的爸爸已經見過未來的兒媳婦，她長得很漂亮，而且行為舉止也很得體。」

婚禮進行得非常順利，新娘的父母舉辦一場八十人參加的宴會，然後

兩位新人乘坐一輛由四匹駿馬牽引的「豪華旅行馬車」趕往威爾漢姆斯巴德。他們在那裡只度過兩個晚上，然後就趕回法蘭克福，因為萊昂內爾認為不能離開父親太久。

婚禮過後，南森和漢娜離開羅馬皇帝飯店，搬到位於新美因茲大街的大女兒夏洛特的家中，他們可以不受打擾、好好靜養。這裡的一切讓漢娜很滿意，房間寬敞，屋內的擺設講究，布置得體。

萊昂內爾寫信給遠在倫敦的兄弟南森尼爾：「爸爸請你用最好的方法盡快寄來100瓶蘇打水，20瓶薰衣草純露，一箱上好的橘子……不要在乎費用。」第二天，他又讓南森尼爾去打聽倫敦有沒有品質不錯的給病人用的旅行床，並且要他發一份說明書過來。

但是對於父親何時能夠回家，他們都不知道。南森對於必須要臥床和患處帶來的疼痛，表現出極大的耐心和驚人的毅力。儘管如此，人們內心中還是升起一絲不祥的預感。過去長癤子的時候，南森一般需要八至十天就會康復，但是這次已經過了將近一個月。

7月24日，人們的憂慮開始升級，南森開始發燒了。三天以後，南森的狀況非常糟糕，在清醒的時候，他簽署一份新的遺囑。

28日凌晨4點，南森親吻了妻子，並且清晰地說「晚安」。五點，他停止呼吸，走得很平靜，沒有一絲掙扎。在他最後的時光中，漢娜從未離開他。他去世以後，漢娜獨自在他房間裡待了很久，而且當天晚上又回到他的房間。

南森逝世三天以後，漢娜和孩子們啟程護送靈柩返回故里。8月4日，星期四，他們乘船抵達倫敦，帶著巨大的橡木棺槨回到新亭。8月6日，一幅南森的平版畫像出版了，背景是他深愛的交易所大樓的立柱，標題是「偉人的背影」。南森一生都沒有真正地掌握英語這門語言，在這種情況

下，他自創一種方式與別人交流，即使這種方式在很多人看來是奇怪的，但是只要你和他談上10分鐘，就會發現他的思路非常地清晰敏銳。南森用這種奇怪的方式，在英國確立羅斯柴爾德家族的影響力。

南森的葬禮在8月8日舉行，弗里茲·施萊默的回憶錄裡這樣寫道：「一點鐘之後，一輛由六匹馬牽引的靈車拉著棺木從新亭出來，它慢慢地駛入威廉國王大街，靈車的後面是36輛孝車和41輛送葬車。後面41輛送葬車中，有奧地利大使、俄羅斯大使、普魯士大使、那不勒斯大使、葡萄牙大使的車輛……倫敦市長、各郡郡長和眾多倫敦市議員的車輛。緊跟在靈車後面的第一輛馬車上坐著死者的四個兒子，他們是主送葬人，後面送葬車上的是死者家庭的親屬和朋友。」

《觀察家報》這樣評論：「南森的去世，是英國乃至歐洲的一個重大事件。」1836年8月，南森逝世的消息在英國皇家交易所被正式公布，近四分之三個世紀以來，南森經常出現在這個地方，他幾乎成為這座建築的一部分。

《泰晤士報》這樣報導：「這個星期內，各種形式的政府債券，特別是國外債券市場，因為他的逝世而普遍減少。不過，他逝世的消息被證實以後，卻產生反作用，因為人們普遍認為，他的四個兒子會繼承他的事業，並且讓它一如既往地向前發展。」

南森謝幕，羅斯柴爾德家族進入新的財富時代，貴族的奢華與高貴的生活方式有增無減。

狩獵：貴族社交方式

　　一位高貴的紳士，穿著猩紅的獵裝、白色的褲子、黑色的馬靴，頭戴黑氈帽，優雅地端坐在一匹駿馬上，駿馬緩緩踱步於一條曲折的鄉間小路上，前面有十幾隻興奮的獵狗開道。作為英國貴族的傳統娛樂和運動，狩獵已經有幾百年的歷史。羅斯柴爾德家族從第三代起，就是狩獵愛好者。萊昂內爾和他的兄弟們在童年時期，就在莫澤先生的教導下，去法蘭克福學習打獵，他們的父親南森有時候也會一起去，母親漢娜很高興他們從事這項消遣活動。早在19世紀30年代末，漢娜就發現四個兒子把所有精力投入到生意上，以至於因為缺少戶外運動，他們身體虛胖、氣色不好，讓她感到擔憂。為了讓兒子鍛鍊身體，她在切爾頓的艾爾斯伯里買下一塊獵場，培養他們騎馬和狩獵的愛好。

　　艾爾斯伯里是天然的牧場，這裡是一片沒有開發的荒地，有茂密的原始森林，河流上沒有橋，人煙也很稀少。而且，這個地方距離倫敦羅斯柴爾德銀行的總部只有40英里，坐火車不到半小時就可以抵達。

　　南森在史丹佛山只有幾英畝的土地，但是他的朋友經常邀請他的兒子們一起去打獵，其中有一位叫做路易斯・勞德漢，他是上議院大法官辦公室的律師，南森曾經和他一起向國會遞交一份為猶太人爭取民主權利的請願書。有一次，路易斯寫信給南森，語氣極為幽默：「特別委員會讓我這個星期待在這裡，請將我最真摯的問候轉告羅斯柴爾德夫人和小夥子們。

告訴他們，我無法脫身和他們去打獵。這裡只有火刑和絞刑，對他們來說，不是什麼有趣的事情。」

在打獵這件事情上，羅斯柴爾德兄弟與其他貴族的喜好不同，他們喜歡去比較近的位於史丹佛山以北的獵場打獵。他們雖然會騎馬到哈特福郡租借獵狗打獵，但最喜歡去的獵場還是東側的派克里奇。事實上，哈特福郡不是最好的獵場，因為這裡有很多耕地，而且道路四通八達。但是在這個地方，他們可以和朋友一起娛樂玩耍，十分便利。

在狩獵活動的不同形式中，羅斯柴爾德家族的主要嗜好有兩種：第一，用槍捕獵，對象主要是野雞，這是詹姆斯最喜歡做的事情；第二是狩獵公鹿，這是最可以引起詹姆斯的眾多英國侄子們興趣的活動。可以擁有一群獵犬，是每個參與狩獵活動的愛好者的一大夢想。1838年，萊昂內爾在距離倫敦四十英里外的地方買下一塊土地。在此之前，他在赫斯頓買了一群獵狗——阿斯塔獵兔犬，以及一間狗舍。這間狗舍位於哈特福郡西邊的特林公園森林，剛越過白金漢郡的邊界。

萊昂內爾雇用一個叫做亞當森的人擔任這些設施的總管，幫助自己招募一些新的狩獵隨從，為家族狩獵的馬匹尋找新的馬廄，並且不斷地對狗舍的設施進行修繕和更換。

1838年10月之前，萊昂內爾一直熱衷於在赫斯頓參加獵兔犬比賽。這種比賽的規則是：在早上追捕一隻野兔，然後找到並且抓住一隻狐狸——這隻狐狸是以前就套住的，可以從商販手中買，也可以從另一個狩獵場裡抓，甚至可以從國外進口，但必須先養在狗舍裡。在阿斯頓・阿博茲舉行的一場獵犬比賽中，萊昂內爾成為眾人矚目的焦點——沒有人想到他的騎術是如此精湛。在近兩個小時的追捕中，他衝在所有人的前面。

1832年，南森尼爾和安東尼被選舉為加里克俱樂部的成員，他們也把

打獵作為倫敦社交活動的一種新方式，這個俱樂部的贊助人是薩塞克斯伯爵。在俱樂部的早期會員中，有兩個人分別成為英國首相和公爵，他們是威廉·蘭姆和約翰·拉塞爾。此外，德文郡公爵也是這個俱樂部的成員之一。到了1840年，「出去狩鹿」——穿著皮革短褲在灌木叢中飛奔，不僅成為羅斯柴爾德家族男性成員的一項樂趣，也吸引他們的妻子前往。

對於羅斯柴爾德家族這樣的商業世家來說，打獵不只是一種消遣娛樂，更多的時候是一種生意上的需要。它意味著可以接觸到更多貴族階層的人，包括陪同騎手的那些隨從。1830年9月，萊昂內爾從巴黎寫信給南森：「阿納托爾·德米多夫伯爵明天要去倫敦，我將寫一封介紹信給他。他是一個很不錯的年輕人，他的名字您自然是知道的。他每年的收入至少有6萬英鎊，他的產業是雷克斯公司。我曾經和他談話，建議他給我們一些股份，我想如果稍微努力勸說，他會同意的。他非常喜歡馬匹和狩獵，所以我認為安東尼可以陪他玩一玩，讓他盡興。」

在獵場這樣的社交場所中，羅斯柴爾德兄弟經常能夠捕捉到許多非常寶貴的商業訊息。在1830年法國革命後的一段時間裡，詹姆斯深得此道。有一次，他為了招待奧爾良公爵一家，安排一次「屠殺」。他們獵殺506隻鵪鶉，359隻野兔和110隻野雞。這些不幸的鳥兒和野兔都是特地買來的，為的是供每個貴客「捕獲」，真正的獵人對這樣的打獵不屑一顧。陪著這些政要去郊外打獵，收穫的不僅是獵物，還有許多有價值的訊息。一年之後，和叔叔詹姆斯一樣，萊昂內爾也掌握這項社交技能。1832年9月，萊昂內爾陪同蒙塔利韋和奧波尼出去打獵，從這些人的口中聽到關於時局的最新進展。

羅斯柴爾德的第四代傳人也是打獵的高手。每到狩獵季節，斐迪南總會舉辦盛大的獵野雞會，每年都要打下幾千隻野雞，這些野味的處理經

常成為一個難題。在給所有的朋友送上一份以後，還有巨大的剩餘，他的堂弟也面臨同樣的苦惱。於是，兩人商議以後，把剩餘的野味全部送給倫敦的電車司機、售票員及馬車夫，經過家族成員聚居的皮卡迪利街的車夫們，都會收到一對野雞。有這樣的美味誘惑，這裡在狩獵季節總會招來大批從倫敦及外地趕來的出租馬車。

對於羅斯柴爾德兄弟來說，打獵的樂趣不僅在於捕獲野生動物，還在於可以看到美麗的風景，即使所有人的注意力不在狩獵上，也會被四周的美景所吸引。哪怕是空手而歸，但是這種追逐過程的刺激，也讓羅斯柴爾德兄弟在縱馬馳騁的時候，感到一種前所未有的恣意享受。或許，這就是道地的英國紳士們的運動體驗吧！

以音樂融入上流社會

羅斯柴爾德家族情迷音樂，只是想融入上流社會。漢娜的好友曾經建議她，如果要很好地融入上流社會，最好是舉辦一場音樂會。羅斯柴爾德家族對此非常認同，並且採納這個建議。他們和幾個知名音樂家一起，造就當時眾多的社交新貴。

1821年7月11日，為了慶祝喬治四世即將加冕，羅斯柴爾德家族在史丹佛山莊舉辦一場盛大的音樂會，邀請鋼琴家兼作曲家莫謝萊斯進行演奏。許多在英國的外交大臣被邀請前來觀賞，其中包括年長的埃斯特哈齊王子。演出大獲成功，人們深深沉醉在莫謝萊斯出色的演奏中，而且深深佩服他高雅的格調和創造性的演繹，演奏大廳內「響起經久不息的掌聲」。

莫謝萊斯是當時最受歡迎的作曲家之一，他既是薩里耶利和貝多芬的知己，又是孟德爾頌的導師兼朋友。他在倫敦演奏時，曾經受到聽眾如潮水般的熱情歡迎，人們將他與克萊門蒂和J.B.克拉默相提並論。

詹姆斯與妻子貝蒂除了在他身上投資重金以外，還對羅西尼、蕭邦等19世紀一些著名的作曲家和演奏家進行長期的資助。老約翰‧史特勞斯1838年的英國之行，由萊昂內爾提供部分資助；1842年之後，羅西尼在巴黎羅斯柴爾德兄弟銀行辦理業務；最具聲望的小提琴大師之一尼科羅‧帕格尼尼透過羅斯柴爾德銀行，將2萬法郎作為禮物送給法國浪漫樂派的主要

代表人物白遼士；歌劇發展史上最偉大的歌唱家之一的帕蒂在阿根廷巡迴演出時，從羅斯柴爾德巴黎分行借了4000多英鎊。即使是極度「反猶太」的德國作曲家理察·華格納，據稱也與羅斯柴爾德家族有銀行業務方面的接觸，他的第二任妻子在巴黎分行有一個帳號。

羅斯柴爾德家族很樂意給予他們欣賞的這些音樂家一定程度的財務資助，剛開始也許是出於商人的本能——他們通常以個人銀行的形式提供服務，而且多半出於一種典型的實用主義目的——這些音樂家是家族成功舉行宴會、款待客人必不可少的。事實上，南森對音樂這樣的高雅藝術絲毫不感興趣。有一次，著名作曲家施波爾在南森家裡舉行音樂會，演出結束以後，南森走過來向他表示祝賀，同時把口袋裡的金幣弄得叮噹作響，然後說：「瞧！這就是我的音樂！它的響聲就是最動聽的音樂！」

但是到了後來，南森的長子萊昂內爾表現出來的對音樂家的友誼和尊重，卻是發自內心的。有一次，卡斯特拉內元帥與詹姆斯共進晚餐時，請來的明星演奏者是義大利歌劇作曲家羅西尼，他在五年前經由梅特涅介紹，結識薩洛蒙。當時的羅西尼可能是最受歡迎和最受敬仰的音樂家，他和妻子——歌唱家伊莎貝拉·柯布朗，在1823年來到英國。他的演奏扣人心弦，那種享受難以用語言來形容。萊昂內爾對這位傑出的音樂家特別青睞，經常稱他為「我親愛的朋友羅西尼」。這也是為什麼萊昂內爾在1836年舉行婚禮時，羅西尼欣然前往，並且以朋友的身分出席婚禮——「以增加我們宴會的莊重性」——而不是以演奏者或教師的身分。如他自己所說的那樣，「全部的目的……就是前往法蘭克福參加我最親愛的朋友萊昂內爾·羅斯柴爾德的婚禮。」

羅西尼還心甘情願地擔當羅斯柴爾德家族女性成員的音樂老師角色，他指導南森的愛女路易絲學習音樂，教她唱歌、彈琴，還為她寫了一首厚

達六頁的鋼琴獨奏曲，作為一個「小小的紀念品」。南森和他的兄弟們為女兒們提供金錢能夠「買」到的最好的音樂教師，這一點不讓人覺得驚訝。詹姆斯的愛女夏洛特的留言簿上記錄他們之中的許多名字：孟德爾頌出現在其中，還有義大利歌劇作曲家文森佐・貝利尼、為一首在1842年作曲的歌曲作題獻的德國著名音樂家路易斯・施波爾、提供自己作品的羅西尼和賈科莫・梅耶貝爾。在19世紀40年代，羅斯柴爾德家族的導師還包括年邁的路易吉・凱魯畢尼——被貝多芬稱為同輩之中最偉大的作曲家，以及蕭邦。蕭邦在巴黎的職業生涯，是從1832年在拉菲特街的一次演出開始。他在1843年與他的學生卡爾・費爾茲在那裡再度出現，據說詹姆斯對他們的演奏十分「敬仰」。

1847年，蕭邦將他膾炙人口的經典舞曲——《升C小調第二號圓舞曲》敬獻給他的學生夏洛特。蕭邦在1849年英年早逝時，夏洛特保留「一件讓人動容的紀念物」——她親手為他縫製的一個靠墊。

除此之外，還有一些鼎鼎大名的音樂家李斯特、孟德爾頌、弗朗茲、查爾斯・哈雷以及約瑟夫・姚阿幸也是在羅斯柴爾德家族府宅中表演過的著名演奏者。

南森之子安東尼曾經在1842年欣賞李斯特專門為他私下舉行的演奏會。對他來說，這具有很大的啟發意義，表示羅斯柴爾德家族不僅從這些19世紀浪漫主義巨星的演奏中獲得快樂，而且也從他們的陪伴中獲益匪淺。後來，安東尼寫信給他的妻子讚揚李斯特：「他是這個世界上最超凡的演奏家。」

夏洛特最小的妹妹路易絲表現出對音樂的濃厚興趣時，羅西尼親自教授她歌唱課程。她對父親說，羅西尼「性格非常隨和，總是在我喜歡的時間和日期來（上課）」。他們三年後在法蘭克福再次相遇時，她每天都跟

著羅西尼上課。蕭邦也為羅斯柴爾德家族的許多女性上過課，不僅包括南森的女兒夏洛特，還包括他的女兒漢娜‧瑪蒂爾德以及詹姆斯的女兒——另一個夏洛特。在羅斯柴爾德家族，夏洛特這個名字非常受歡迎，南森、卡爾、詹姆斯都將他們的女兒取名為夏洛特。

有如此技藝精湛的名師指點，羅斯柴爾德家族的女性在作曲方面大有斬獲也就不足為奇：小夏洛特出版4首比較短的鋼琴曲，漢娜‧瑪蒂爾德譜寫鋼琴曲、一部管弦樂圓舞曲和6部歌曲，譜寫的對象包括維克多‧雨果、泰奧菲爾‧哥提耶、歌德和朗費羅的作品，其中最成功的一首《如果你不聽我說》由女高音歌手帕蒂在巴黎歌劇院演出。

在當時的貴族階層看來，羅斯柴爾德家族與音樂家保持如此親密的關係有些不合體統。羅西尼一家在婚禮前不久與南森共同出席一個有貴族參加的晚宴時，一位貴族女士傲慢十足地伸出手：「我想，這是羅西尼夫人……第一次出席如此高貴的場合。」但是沒有什麼關係，對於羅西尼和他的妻子來說，擁有羅斯柴爾德家族這樣懂得欣賞音樂的朋友，就足夠了。他們是受到盛情邀請的貴賓，而且他們參加的目的，也是為了活躍婚禮的氣氛。

文豪門客

　　與那些傑出的音樂家一樣，19世紀有許多鼎鼎大名的作家是羅斯柴爾德家族門下的食客，如巴爾札克、歌德、海涅、福樓拜。記錄最詳實的兩位作家就是海因里希・海涅和巴爾札克，兩人在19世紀30年代和40年代與詹姆斯交從甚密。從個人財務狀況來說，他們大多經濟窘迫，與羅斯柴爾德建立良好關係顯然不能排除利益動機。

　　法國文豪巴爾札克是一個揮金如土的浪子，在金錢上一直不太走運，因為債台高築而屢次伸手向詹姆斯借錢，後來成為羅斯柴爾德家族供養的食客。不過，巴爾札克是少數按時還錢又不毀謗羅斯柴爾德家族的人，他將《實業家》這部小說獻給「詹姆斯・德・羅斯柴爾德男爵先生——奧地利駐巴黎總領事和銀行家」。

　　第一次見到巴爾札克，詹姆斯立刻喜歡上這個才華橫溢的作家，他覺得巴爾札克是集拜倫和狄更斯之長於一身的文豪。詹姆斯立刻為巴爾札克前往義大利的計畫提供資助，提供一封寫給卡爾的介紹信，並且用他的信使送到那不勒斯。幾個月以後，由於沒有聽到巴爾札克的任何消息，詹姆斯寫信提醒巴爾札克自己對他的資助，邀請他共進晚餐，並且責備對方不來看他。

　　19世紀40年代中期，詹姆斯與巴爾札克之間的交情達到頂峰，變得更加深厚。1846年，詹姆斯無償贈送給巴爾札克北方鐵路的150股股份，支付

完首期款以後，巴爾札克又從詹姆斯那裡借了1.7萬法郎，將自己的股份作為抵押。他還以未婚妻在波蘭的房產作為抵押，借了另一筆錢——大約為5萬法郎——用來在福托奈街購買一棟房子。

海涅就更不用提了，他對於羅斯柴爾德家族來說，似乎從一開始就處於一個「乞討者」的地位。作為漢堡銀行家所羅門‧海涅的侄子，海涅有一個非常有錢的銀行家叔叔，他原本每年可以從叔叔那裡獲得一筆4000馬克的財務補助，但是叔叔去世以後，叔叔的兒子不樂意了，私自將這筆補助剋扣一半，使得不善理財的海涅很快變得囊中羞澀，陷入財務困境。雖然他經常感到手頭拮据，卻不聽從勸告，想要透過其他投機生意發財，結果每次都會賠得精光。

雖然海涅不是定期從羅斯柴爾德家族那裡收到匯款，但總是讓詹姆斯明白他有這些需要，讓對方無法拒絕這些請求——詹姆斯一來是敬仰海涅的才華，二來是懼怕他手中的那支筆。於是，在海涅一番巧言令色之下，比如又有一筆賺錢生意的時候，詹姆斯只好掏錢出來，好像不這樣做，就會覺得因為虧待對方而感到內疚。

儘管詹姆斯的各種善舉經常被曲解為是出於某種商業目的，但是他對海涅的慷慨是真的。1846年，詹姆斯讓海涅一起參與鐵路股份投資，讓他賺了2萬法郎。第二年，詹姆斯又為他的這位朋友提供新發行的法國政府債券業務中的「最優先待遇」。三年後，海涅又從羅斯柴爾德家族獲得奧地利中央合作銀行的100股股份。事實上，對詹姆斯而言，海涅的詩歌沒有什麼吸引力，自己那個迷人而睿智的妻子——貝蒂卻對其表現出高度的興趣。1824年，詹姆斯娶自己的哥哥薩洛蒙的女兒貝蒂為妻。詩人總是定期為她送去自己的作品，其中也不乏調侃她丈夫的內容。他指望用隨便的幾句歉意之詞，來消除自己造成的不良印象。

看到貝蒂夫人對自己如此厚愛，海涅決定斗膽提出借貸請求，甚至為朋友尋求幫助，比如當時生活相當貧困的路德維格・馬庫斯。善良的貝蒂夫人總會給海涅一些面子，為這些事情向丈夫詹姆斯懇求，有時候自己也會伸出援手。

後來，海涅曾經在一篇手記中表達感激之情，他寫道：「來自一位天使般美麗的女士的幫助，她是世界上最富有銀行家的妻子，以自己的睿智和學識，當之無愧地聞名於世。」之後，他在閣樓上病倒時，他寫信給貝蒂夫人：「我即將離開這個世界時，腦海中您的畫面總是可以安慰和鼓勵我，這是我記憶裡最為珍貴的財富之一。」然而，或許是他過於頻繁的金錢索求，毀掉與貝蒂夫人之間的友誼，他們後來極少再見面。

1843年，海涅出乎意料地遇到一個報答羅斯柴爾德家族的機會。海涅的出版人卡普收到一份來自穆斯特的一個叫腓特烈・斯迪門的人的題為《羅斯柴爾德家族：歷史與交易》的手稿，這本書以敵意和惡意的語氣詆毀羅斯柴爾德家族。卡普支付作者要求的稿費，又意外地將這件事情告訴海涅。海涅要求查看手稿，於是卡普延遲印刷日期，讓海涅將手稿帶回巴黎與羅斯柴爾德家族商討此事。

在一封日期為1843年12月29日的信裡，海涅寫信給卡普：「我承認自己很高興可以有機會報答羅斯柴爾德十二年來對我的大恩大德（比如說自從他到巴黎之後為我做的事情），如果我可以用誠摯的方式來報答。」

這本小冊子從此在海涅家裡被雪藏起來，直到1858年最終得以出版，也就是十五年之後，由布拉格的V.科波出版。

海涅的這個舉動讓羅斯柴爾德家族心存感激，同時也不難推測，卡普也從中撈到許多好處。

讓人感到困惑的是，為什麼巴黎最富有的銀行家詹姆斯，要與這兩

位窮困潦倒的作家建立如此緊密的關係？只從政治方面來看，這兩個作家都是激進人士。海涅因為自由派觀點而被德國放逐，而且他的一生都對革命和民族主義事業保持高昂的熱情。與海涅不同的是，巴爾札克從性情上說是一個浪漫的保守派，他曾經在1831—1832年尋求參選成為波旁王朝的立法者，而且畢生都在用一種不那麼獻媚的筆觸描述七月王朝統治下的社會。

唯一合理的解釋可能是：詹姆斯非常欣賞這兩位作家的才華，而且與文豪的親密接觸，還會使上流社會對他們這個家族增添幾分崇敬、羨慕和忌憚，對羅斯柴爾德家族鞏固社會地位是有好處的。

賽馬是一門生意

　　1830年，萊昂內爾以「羅斯柴爾德先生」的名義，帶著「總統」坐騎參加聖・奧爾本斯障礙賽，這是英國有史以來的第一場此類比賽。在參加障礙賽的15匹馬中，有8匹馬由主人駕馭，只有萊昂內爾的「總統」是由滑鐵盧老兵摩爾・布萊恩上校駕馭。在這次比賽中，「總統」沒有獲得好名次，但是在半年後舉行的一場比賽中，「羅斯柴爾德先生」開始領先，超越所有對手，他的馬最終以領先第二名一個半馬身的成績奪冠。

　　賽馬起源於英國，是上流社會的喜好。第一場尚蒂伊賽馬大會舉辦於1834年，許多人都參與其中，特別是那些來自英國的馴馬師和騎師。羅斯柴爾德家族原本對賽馬不感興趣，有一次，他們看中一匹純種馬，於是欣然買下，並且悉心訓練。此馬果然不負眾望，在賽場上所向披靡，為他們賺回數百萬美元。此後，家族開始對純種馬青睞有加。

　　萊昂內爾曾經買了一匹名叫「史威夫特」的上等獵馬，這匹馬結合「速度、勇氣以及一匹一流賽馬應該具備的各項素質，而且牠十分清楚自己的使命……」在「史威夫特」旁邊的馬棚裡，養著一匹結實有力的棕色賽馬，叫做「歐姆斯比」，牠贏得布魯克勒斯狩獵障礙比賽的冠軍，從此萊昂內爾對賽馬運動更加著迷。

　　早在巴黎當學徒期間，萊昂內爾在馬匹上的花費就十分驚人，安東尼是在1840年才擁有賽馬資格並且參與賽馬比賽：那一年，他的一匹賽馬在

巴黎大獲全勝，進而奪得冠軍。當時，巴黎最知名的賽馬擁有者是奧爾良公爵。他是法國有名的賽馬主，在1842年於馬車事故中喪生，安東尼隨後接過奧爾良公爵對賽馬場的贊助，並且為各種比賽提供價值不菲的獎盃，他的賽馬也經常在這些比賽中獲勝。

和兄弟們一樣，安東尼把賽馬當作一筆有利可圖的買賣，更關注由此而產生的利潤。幸運的是，他對這筆生意很滿意。修建馬廄之後，他經常在賽馬比賽中力拔頭籌。1840年在巴黎，安東尼的坐騎「安那托爾」在英國騎師以利拿丹・弗拉特曼的駕馭下，打敗奧爾良公爵的賽馬而贏得特別大獎賽的冠軍，在戰神校場大會的冠軍公開賽上，安東尼又贏得3000法郎的獎金。

1841年11月，安東尼的坐騎安那托爾再次奪冠，他興奮地寫信給他的兄弟們：「安那托爾表現得非常棒，牠跑得飛快，距離第一名只差半個馬位，排在第三……安那托爾在另一場比賽中獲勝，我們贏得5000法郎。到目前為止，我們已經累計贏得30萬法郎。我認為，在年底之前，我們應該能夠贏得一大筆錢。」安東尼希望賽馬可以多贏幾場比賽，贏得的獎金至少要和開銷相抵，最好可以剩餘一些錢。他的希望總算沒有落空：1842年，他的賽馬安那托爾十分漂亮地打敗其他的賽馬，又為安東尼添上一筆——8000法郎的收入。至此，羅斯柴爾德家族已經贏得3.7萬法郎。

1862年發生在法國羅斯柴爾德家族的事情，為家族的賽馬事業蒙上一層陰影。詹姆斯的第三個兒子，29歲的討人喜愛的薩洛蒙墜馬身亡，一個前途光明的年輕人的生命就這樣戛然而止，他的妻子阿德勒被嚇得哭不出來，她覺得薩洛蒙的死是「天妒英才」。當時，在巴黎有3000人參加薩洛蒙的葬禮，南森的兩個孫子南森尼爾和艾爾弗雷德從倫敦趕來參加葬禮時，詹姆斯「突然大哭起來……後來抽泣到痙攣」。

但是這次事故沒有讓羅斯柴爾德家族的孩子們停止對賽馬的投入。1864年，在埃普索姆鎮的賽馬大會上，羅斯柴爾德家族的成員——南森的第五個孩子梅耶與威爾斯王子一起看賽馬，並且一起分享「蛋糕，蛋黃醬和香檳酒」。南森尼爾和艾爾弗雷德早先都在劍橋三一學院學習，在那裡結識威爾斯王子。後來，他們與威爾斯王子一同參加薩瑟蘭一家舉行的聚會。

　　1865年2月，南森尼爾和艾爾弗雷德接受維多利亞女王身邊的伊萊侯爵夫人的邀請，參加為威爾斯王子和公主舉辦的小型舞會，舞會也邀請伊娃和斐迪南。但是伊娃發電報到巴黎要「一件雪白的裙子」時，斐迪南卻說他只在舞會上待一個小時。

　　1865年5月，南森尼爾、艾爾弗雷德、伊娃、斐迪南被邀請參加由流放的法國皇族在奧爾良莊園為威爾斯舉辦的聚會時，只有艾爾弗雷德去了。夏洛特告訴利奧波德：「斐迪南累了，所以伊娃也不會去，南森尼爾也很累，艾爾弗雷德是父親萊昂內爾·羅斯柴爾德家的唯一代表；安東尼先生帶了他的小女兒去，可以看見有羅斯柴爾德家族的人參加，這個聚會也變得好多了。」斐迪南是老梅耶的第二個兒子薩洛蒙的孫子，1865年與伊娃結婚。羅斯柴爾德家族的年輕一代厭煩名目繁多的聚會，賽馬也為羅斯柴爾德家族的這些孩子們沉悶的社交生活打開一個更令人興奮的視野。

　　1868年10月，羅斯柴爾德家族在家裡款待迪斯雷利首相。南森的孫子、萊昂內爾的兒子利奧波德也去了，並且向父母講述當時的見聞，他寫道：「首相精神很好，還對我們講述他以前賽馬的故事。迪斯雷利夫人在角落裡小睡，後來安靜地醒來。朵拉貝勒的晚宴本來可以更好的……希思不像平時那麼活潑，不過大家都輪流衝到迪茲那裡，綁好綁腿騎上矮腳馬……貴族是值得欽佩的。」10月6日，他們去觀看梅耶賽馬，但是令人失

望的是，他只得到第二名。

1871年，南森的第五個孩子——梅耶，他的賽馬成為一個最熱門的話題。當年在賽馬的歷史上被稱為「男爵之年」，貴族們都聚集在紐馬克，海霍擔任教練，梅耶賭馬的運氣特別好，他很出名，他從來不押注別人的馬，只買自己的馬。1871年的賽季，大家的口號是：「追隨男爵。」

1873年，梅耶罹患一種疼痛病，我們不清楚是不是癌症引起這些疼痛。梅耶只能靠嗎啡來舒緩，沒有嗎啡，他就難以入眠。他不能走路，但是秋天的時候，他依然從倫敦旅行到蒙特摩爾。南森尼爾描述流行於1868年法蘭克福的一種「治療癌症的新方法」：「一種奇特的長著紅眼睛的黃色蟲子，可以像水蛭吸血一樣吸收癌細胞。」梅耶倖免於這種治療，後來他於1874年2月6日去世。

直到羅斯柴爾德家族第四代——萊昂內爾的兒子利奧波德長大成人，他對賽馬仍然保持家族傳統的癡迷。新法院的會議一結束，他就急忙奔往他在新市場的種馬場，他把大部分心思用在賽馬和培育良馬上，這佔用他大多數的時間，沒有比他的賽馬在比賽中失利更讓他失望和沮喪的事情。

1879年，利奧波德成為德比勝利者的馬主。當時，他那匹不見經傳的馬——「貝斯維爵士」擊敗羅斯伯里伯爵的「威斯康蒂」，使後者只獲得第三。1896年，他的賽馬「聖弗羅斯昆」贏得4.6萬英鎊的獎金。「聖弗羅斯昆」是德比馬賽的熱門奪冠馬，但最後還是以一個馬頸之差，輸給英國王儲愛德華的賽馬「帕西蒙」。實際上，這是利奧波德故意這麼做的，作為天生的社交家，他知道在關鍵時候要給未來的英國國王留一點面子。

1904年，他的「聖阿蒙特」實現夢想，再次奪冠。他只在一個單獨的賽季就可以贏得46766英鎊獎金的事實，使這項運動成為他生活方式的一部分。

不被祝福的婚姻

　　生於豪門，享不盡榮華富貴，卻也嘗不盡世人無法想像的痛苦，甚至是折磨。羅斯柴爾德家族近乎殘酷的家訓和族規，曾經深深影響一些家族成員的終身命運。

　　在猶太信仰中，與異教徒通婚被嚴格禁止。《舊約》明確地說：「……不可與他們結親；不可將你的女兒嫁他們的兒子，也不可叫你的兒子娶他們的女兒……你們果然聽從這些典章，謹守遵行，耶和華—你神就必照他向你列祖所起的誓，守約施慈愛。」為了避免與當地人同化，保持種族的純潔性，猶太人一直維持他們引以為傲的同族通婚制度。

　　由此，在一個猶太男子娶了一個異教徒的情況下，幾乎都是女方皈依猶太教。為什麼猶太人和異教徒結婚在宗教上被稱為「雜婚」？還要把「雜婚」生出的孩子叫做「混血兒」？原因就是這些人在宗教上被否認猶太正式成員的一切資格。反過來說，如果一個猶太女子違背禁條，嫁給一個異教徒，並且皈依對方的宗教信仰，就會被同族人視為「背教」而遭到唾棄。這也就不難理解，南森的女兒漢娜‧梅耶決定要嫁給天主教徒亨利‧費茲羅伊的時候，幾乎招致整個家族的激烈反對——幾乎所有的親戚，包括她自己的母親，都與她斷絕關係。

　　無論從哪個方面來說，這一對新人看起來都是天造地設的佳偶。新娘漢娜‧梅耶出落得楚楚動人，有白皙的皮膚、藍色的眼睛、嬌小玲瓏的身

材。32歲的新郎亨利出身高貴，人也長得英俊，是德國的猶太移民女兒夢寐以求的夫婿人選。況且，他還是一位議員，家族也都是皇親國戚，前途不可限量。然而，對於羅斯柴爾德家族來說，這些不是最重要的，問題的關鍵在於：亨利是一個天主教徒，這就表示漢娜嫁過去以後，就要放棄家族的猶太教信仰，成為一個天主教徒。

沒有人知道漢娜和亨利是如何相識的，但是在1838年的夏天前，他們已經相愛了。羅斯柴爾德家族讓亨利出國半年，他同意了，在去土耳其的途中，他一直在寫日記，從這些日記的內容來看，他當時的感情是絕對真摯的。

詹姆斯聽到漢娜‧梅耶與亨利‧費茲羅伊的戀情之後，沒有表現出絲毫的通情達理，他寫信給漢娜的哥哥萊昂內爾：「我親愛的，你在信中提到讓你感到痛苦的社會環境和漢娜‧梅耶的戀情，讓我感到心碎。你可以想到我為什麼會有這樣的感受，因為沒有任何事情可以比這個決定更可以威脅我們家族、我們的持續安寧、我們的好名聲以及我們的榮耀，我甚至不敢提到它。背棄我們的信仰，背棄我們的先祖梅耶‧阿姆謝爾‧羅斯柴爾德的信仰——正是這種信仰，讓我們變得如此偉大。」

為了阻止漢娜的愛情冒險，詹姆斯決定親自趕到倫敦，勸說自己的侄女。因為生病，他最終沒有成行。然而，一切為時已晚，1839年4月29日，在位於倫敦漢諾威廣場的聖‧喬治教堂，漢娜‧梅耶嫁給南安普頓親王的弟弟亨利‧費茲羅伊，南森尼爾是唯一一位參加婚禮的娘家人。南森的妻子將女兒送到教堂的門外，就轉頭而去。

她在倫敦的家人為此傷心不已的時候，遠在千里之外的詹姆斯也心痛不已，使他的病情日益加重。在婚禮結束以後，他寫信給南森尼爾：「坦白地說，就在剛才，我還沒有勇氣起床寫這封信，她玷汙我們整個家族的

榮譽……你告訴我，除了信仰，她找到自己想要的一切。但是，信仰才是我們的一切。我們的運氣，我們的祝福都取決於它。我們應該盡快忘記漢娜，把她從我們的記憶中抹除……我們希望她幸福，今後，我們再回頭來看這件事情的時候，我們就當她從未存在過。」

因為嫁給一個異教徒，漢娜被羅斯柴爾德家族掃地出門。而且，她還失去一大筆財產。她父親在世的時候曾經給她12500英鎊，死後她又分得12500英鎊，這筆錢無人能動。但是，根據南森的遺囑，如果她的婚姻違背整個家族的規條，她肯定拿不到這筆錢。

不僅如此，南森生前還為漢娜和她的妹妹各留下50000英鎊的存款，利息為4%，這些錢都存放在她們兄長的銀行中。此外，南森還為她們各留下50000英鎊的嫁妝。這些錢等她們結婚的那天，都可以領走，但是有一個條件，那就是：她們的婚姻要遵從家族的意願，否則她們一分錢也得不到。

不久，「厄運」開始逐漸顯現——在家族成員的眼中，漢娜的一生彷彿變成一個冗長的殉難過程，並且一直遭到家族中其他人的報應式對待。她的妹妹路易絲和她的堂姐以及嫂子夏洛特把漢娜後來遭遇的許多不幸，都歸結為上帝的懲罰。1852年，漢娜的丈夫亨利‧費茲羅伊沒有當選海軍部大臣，讓她們幸災樂禍了一陣子。漢娜的兒子6歲的時候從馬上墜落夭折，她們也忍不住認為，所有的不幸和煩惱，都是她背棄父輩信仰的結果。第二年，亨利‧費茲羅伊去世，更讓她們相信「懲罰說」的正確性。沒有人可以想像漢娜承受的壓力和痛苦，她終於一病不起。在病情不斷惡化中，她唯一的指望就是為女兒布蘭奇找一個好人家。

然而，似乎是一種輪迴，女兒也同樣走了二十五年前漢娜的老路——為愛選擇自己的丈夫而完全不顧及家族的意願，執意要嫁給一個有錢的花

花公子。新郎年屆四十，已經有白頭髮。漢娜本來的期望要高很多，她想要為自己的女兒選擇一個有更高頭銜的貴族。訂婚以後，布蘭奇逐漸與母親疏遠，而且完全斷絕與羅斯柴爾德家族的聯繫。與此同時，她不幸的母親正在與疾病和死亡進行徒勞的抗爭。

1864年12月1日，漢娜的生命走到盡頭。儘管到了這個時刻，她的背教行為似乎也沒有得到寬恕。在夏洛特寫給小兒子利奧波德的信中，她敘述漢娜的丈夫家境逐年衰落的情形，語氣中沒有同情，反而顯出一絲不得體的竊喜。

在漫長而艱辛的流散歷程中，猶太人像草芥一般撒遍全球。如果將他們聚集起來，比肩而立，你會發現他們的毛髮、眼珠、身形相差甚遠，但是他們卻擁有共同的對於上帝的信仰。正如詹姆斯對後輩兒孫所說：「上帝的意志給了人類在有生之年中的信仰。遵從這個天命的戒律是我們的首要義務，放棄信仰是一種罪過。愛你先祖的上帝，並且用你的誠意來侍奉他。願我可以投入到他的懷抱，從上面的天堂來守望你們，就像我曾經在地上守望你們那樣。」

第四章：投資有道

1842～1846

投資古董收藏

·

1831年，南森的大兒子萊昂內爾已經20出頭。在巴黎，他應邀參加一場「老式家具和中國瓷器拍賣會」。不過，他很難勝過那些實力雄厚的英國買家，結果一無所獲地離開。他沮喪地寫信給母親漢娜：「我瞭解您對這些東西的品味，我想要讓您知道，在這個方面，我們的確是母子連心。請告訴我，您是否對製作於路易十四時代的老式嵌花家具、書桌或衣櫥感興趣？在這裡，這類家具可以說是琳琅滿目，或是您更偏愛塞夫爾的中國瓷器？」

這時的羅斯柴爾德家族已經成為歐洲最大的收藏家，成為古董商獵取的最大目標。羅斯柴爾德家族的男性成員都繼承老梅耶的這個嗜好，萊昂內爾已經是法式家具和瓷器的忠實愛好者。

一年以後，他成功地為漢娜購得「十二個盤子和一件塞夫爾的瓶子」。有人曾經問他是否願意等一等，如果將這些東西寄到埃斯特哈齊王子或是「其他大使的家中」，就可以免付關稅，但是他不願意。

萊昂內爾在信中提到的「老式嵌花家具」，是一種採用非常別致的鑲嵌細工手法製作而成的家具，由安德烈·查爾斯·布勒在路易十四的皇宮中製作完成。它用黃銅薄片和龜殼代替木質原料，同時還帶有鍍金銅質的凸起花紋。為了裝飾自己的卡爾頓邸宅，喬治四世曾經費盡周折，尋找這種風格的家具。

羅斯柴爾德家族的興趣不僅限於家具和陶瓷，他們還喜歡象牙、銀器、鍍銀的用具、鼻煙盒、盔甲、文藝復興時期的金屬品、義大利產的花式陶器。1842年前往海牙的時候，南森的二兒子安東尼買下一大批古董，萊昂內爾於1843年在薩塞克斯公爵領地拍賣會上，為南森尼爾買下幾個黃金盤子和一隻獨角獸。在19世紀40年代初，萊昂內爾在倫敦舉行的「銀製品」拍賣會上，買下「任何漂亮的東西」。

　　在英國羅斯柴爾德家族中，南森的另一個兒子梅耶喜愛收集義大利文藝復興時期的家具和法國利摩日的古瓷器。梅耶的主要興趣在於收集古銀器，經過20多年不惜成本的收購，他名下的銀器是歐洲門類最全、品種最豐富的。他還專門聘請一位博物學家為這些銀器建立分類目錄，時至今日，這本目錄也是世界各國收藏家及拍賣商的案頭工具書。

　　法國羅斯柴爾德家族也毫不遜色，在詹姆斯男爵買下拉菲堡之後，夫人貝蒂——這位在那個年代最美麗的女人，熱衷於收集各式各樣的古董家具、壁毯、繪畫、瓷器及藝術品，並且形成獨特的羅斯柴爾德風格，使拉菲堡成為一座充斥著精美藝術品的宮殿。

　　薩洛蒙・羅斯柴爾德的兒子安瑟姆是一個樂此不疲的收藏家，他經常帶著兒子們逛古玩店，累得筋疲力盡。安瑟姆的兒子斐迪南回憶說，父親的品味沿襲羅斯柴爾德家族的傳統收藏風格——追求材質貴重、工藝精湛。「他經常在早上六點起床，一直逛到黃昏……在維也納的別墅裡，有一個專門陳列藝術品的房間，他經常待在裡面細細欣賞。」

　　對於精明的羅斯柴爾德家族來說，收藏不僅是出於愛好，更確切地說，是一種投資。他們只收藏那些具有明確市場價值的精品，最鍾愛的是原汁原味的古董。家族裡最珍貴的文藝復興時期的碟子，還由專家進行秤重估價。他們宣導文藝復興時期的建築風格與法國18世紀的內部裝飾的完

美結合。北歐16、17世紀的金銀餐具，法國18世紀的裝潢藝術以及英國繪畫，都在他們的收藏之列。

雖然收藏品無數，但是羅斯柴爾德家族對自己的收藏不事張揚，對收藏品來源更是高度保密。謹慎當然是主要原因：任何收藏家都知道，保持來源的秘密，就可以減少購買的競爭對手，也可以樹立尊重賣方隱私的好名聲，招徠更多的賣家。

位於英國白金漢郡洛奇山頂的沃德斯登莊園，至今還存放著羅斯柴爾德家族的收藏品，堪稱「羅斯柴爾德家族的紀念碑」。這座城堡在19世紀80年代由薩洛蒙的孫子斐迪南建造，充滿新文藝復興的風格。1988年，羅斯柴爾德家族的第七代成員雅各接管此地。此前若干年，羅斯柴爾德家族把莊園連同收藏品和2000英畝的土地捐贈給國家名勝古蹟信託。雅各以半獨立的方式經營這座古老的莊園，他是一個天生的收藏家，擁有羅斯柴爾德家族的收藏家基因。

雖然早在19世紀，羅斯柴爾德家族就在世界各地興建40多所莊園，但是如今保存完好的只有沃德斯登莊園，並且向公眾開放。經過時間的洗禮，羅斯柴爾德家族的收藏品顯得彌足珍貴。

鐵路金融

　　在18世紀中葉顯露端倪的英國工業革命中，許多發明者的才華和激情被充分釋放，廢寢忘食地從事各種設計，他們似乎不約而同地具有「發明的衝動」，英國工業革命大量受益於這些彼此獨立的發明者的成果。在19世紀經濟成長的過程中，歐洲主要向外國輸送新的技術發明。羅斯柴爾德家族關注這些新技術帶來的革命性衝擊，家族的年輕一代更熱衷於將在英國成形的技術引入到其他國家。

　　不過，鐵路作為一種變革式的交通工具引起羅斯柴爾德家族的興趣，不是因為新技術變革，而是鐵路金融。在很多國家，鐵路的修建是以出售政府債券的方式籌集資金，到了19世紀30年代，政府發行的新債券越來越少，但是由於修建鐵路，產生的融資卻越來越多。

　　保守的薩洛蒙籌建羅斯柴爾德家族的第一條鐵路，在哈布斯堡王國境內，雖然這個地區的經濟不發達。薩洛蒙修建鐵路的初衷，是可以有助於鐵礦與煤礦的開採，為了推進這個計畫，薩洛蒙採取羅斯柴爾德家族的慣用手段，用王室的名字命名這條計畫中的鐵路，同時拉來梅特涅以及奧地利財政大臣這樣的大人物來擔任新公司的董事。

　　隨著鐵路計畫的不斷推進，薩洛蒙產生整合奧地利交通鐵路網路的雄心，並且認為自己可以擔當救世主的角色。1844年，薩洛蒙來到普雷斯堡的時候，多瑙河上的蒸汽船破例在國王廣場停靠。

志得意滿的薩洛蒙在興建鐵路的初始，就設想過可以做獨立的鋼鐵供應。不久，薩洛蒙就收購一家鋼鐵公司。當然，他沒有忘記興建鐵路的初衷——採煤業。而且，薩洛蒙對於工業資產的興趣沒有就此完結。

早在1835年，薩洛蒙創建奧地利蒸汽船公司，開啟薩洛蒙海上戰略的步伐，接著又投資鹽場。從鐵路到航運，薩洛蒙試圖進行一種垂直性整合，深入到產業鏈條的各個環節，這種嘗試甚至讓很多人認為羅斯柴爾德家族正在轉型成工業集團。1837年，萊比錫的一份報紙這樣評論：「羅斯柴爾德家族將會正確地引領一次運動，最終徹底重塑歐洲貨幣體系，毀滅紙質交易，將資本投入工業領域。」

羅斯柴爾德家族在德國的鐵路計畫不順利，因為在德國，任何一條鐵路的修建都要穿過很多公國，籌建鐵路的過程異常艱難，終究會演變成一場國與國之間複雜漫長的討論和談判。在法國，詹姆斯與佩雷爾的合作看起來更像是一個浮士德式的契約，後者信奉的是空想社會主義，但是這種合作卻促成巴黎通往聖日耳曼郊區佩克的一條鐵路的建成。

在籌建法國通往比利時的鐵路中——這條鐵路也被認為是最可以獲利的項目，法國媒體開始批評羅斯柴爾德家族成為鐵路寡頭。但是毋庸置疑，詹姆斯已經壟斷法國政府的債券發行，法國財政大臣對詹姆斯說：「沒有你，我什麼都做不成。」顯然，詹姆斯擁有獲得這份合約的優先權利，詹姆斯控制的鐵路長達388英里，一條泛歐鐵路在詹姆斯的心中浮現。

1846年的6月8日，由於北線鐵路上一列火車出軌，民眾開始反思羅斯柴爾德家族到底對法國做了什麼。在這些報導中，有人指責羅斯柴爾德家族就像是商業吸血鬼、國家的瘟疫，羅斯柴爾德家族從法國的災難中獲利。

對鐵路建設的參與，將羅斯柴爾德家族推到公眾面前，一般人可以感

受到的鐵路對於生活的改變比政府和國家更直接，投資鐵路讓羅斯柴爾德家族必須忍受一種充滿敵意的批評，這是一個意想不到的結果。

羅斯柴爾德家族發行的政府債券，相對來說是一種安全的資產，但是投資鐵路的時候，羅斯柴爾德家族必須對鐵路公司長期關注。薩洛蒙的鐵路計畫在經歷徵地、修建路線和車站之後，人們都認為薩洛蒙正在進行一場漫長的豪賭。但是，隨著公眾對鐵路這種交通方式認同，乘客數目變得空前龐大的時候，人們都知道鐵路金融有利可圖。

詩人海涅曾經這樣評論：「羅斯柴爾德家族的成員提供給每個人的股份，實際上都是一種莫大的恩惠。坦白地說，我應該說它實際上是羅斯柴爾德先生用來交朋友的一份黃金大禮。」

在海涅看來，由於鐵路的籌建，羅斯柴爾德家族在融資的過程中聚集一些人，這些人不僅分享利益，最重要的是與羅斯柴爾德家族結成一種同盟，而且這種同盟關係對國家和政府產生巨大的影響力。

房產投資臨界點：3%的收益

　　在南森所處的年代，擁有巨大財富的人都購置大量土地，土地的多少從一定程度上展現富豪們的財富成就。以霸菱家族為例，1810年法蘭西斯・霸菱去世的時候，他是歐洲當時財富最多的人。南森去世的時候，儘管他的資產是霸菱去世時的6倍，卻沒有購買任何地產。

　　在家族事業的拓展中，有兩件事情妨礙倫敦的羅斯柴爾德家族結交英國的上層人物：他們在兩個議會中沒有佔有一席之地，也沒有自己的鄉村莊園和領地。羅斯柴爾德家族的財富還是以紙質的形式存在，使得他們更加感到購置地產的迫切需要。

　　儘管羅斯柴爾德家族在1809年建立新的辦公大樓，但是仍然住在猶太街的老房子裡。當然，這時的猶太街已經有一個新名字——博恩海姆大街。直到1811年，阿姆謝爾才在郊區買了一棟房子，這個房子臨近一個花園，在閉塞的猶太區居住很多年之後，這個花園讓羅斯柴爾德家族感到一絲清新的空氣。在以後的歲月中，家族成員對於園藝保持一種持續的熱情。同時，這個花園具有一種政治意義，因為1814年後的一段時期，法蘭克福政府開始限制猶太人進入公共花園。

　　羅斯柴爾德家族更願意將政府允許購買花園的行為看成是一種恩惠，甚至是一種賄賂，以阻止阿姆謝爾離開法蘭克福而去其他地方，因為他們去的地方越多，表示猶太人的影響力會更大，政府就要有更大程度的讓步

和妥協。於是，在羅斯柴爾德家族看來，購買這個花園，事實上表示政府對猶太人更嚴格的排斥。

在19世紀留下的法蘭克福的旅遊指南中，我們可以找到這樣的字句：「花兒閃耀著金光，花床用塔勒當肥料，避暑別墅用羅斯柴爾德家族的債券做壁紙。」

帶花園的房子可以讓羅斯柴爾德家族的人呼吸一下新鮮空氣，除此之外，他們更願意計算房產是否可以讓口袋裡的錢變得更多。從這一點上說，羅斯柴爾德家族對於房產仍然保持謹慎態度。南森的兒子萊昂內爾最先看上的幾所房子中，其中有一所是著名的霍華德城堡，一個相當不錯的地方。儘管如此，他還是沒有出手。

不久，萊昂內爾又看上屬於切斯特菲爾勳爵的5000英畝領地，但是這次他行動遲了一步，正在諮詢房產資訊的時候，這塊領地就被賣給倫敦市銀行家塞繆爾。此後，公務繁忙的萊昂內爾將地產投資事宜交給他的幾個兄弟來處理。

然而，羅斯柴爾德家族的幾個兄弟還是沒有急於採取行動。1840年，南森尼爾寫信給梅耶，強烈建議梅耶要謹慎行事，不要輕易進行地產投資，他的理由是：「如果確實是一塊不錯的地方，你可以先租一年試試，如果合適，再長期租下來，但是千萬不要立刻購置，我對這一點非常不贊同。」後來，他再次對幾個兄弟強調自己的觀點，一定要看這筆買賣是否划算，「如果這塊土地可以獲得3%的收益，千萬不要有片刻的猶豫。」

1840年，梅耶聽到消息，在韋金頓的錢普尼斯邸宅會出租。接著，他們又打聽到溫斯洛附近的一塊領地要出售，他們還仔細考察莫爾公館，但是再三考量之後沒有出手購買，羅斯柴爾德兄弟仍然在等待更好的機會。

後來，梅耶買下錢普尼斯。緊接著，他以5000英鎊的價格買下蒙特

摩爾郡的幾片農場和莊園。與此同時，萊昂內爾也在赫斯頓大量添置新房產，他們很高興做了這幾筆不錯的買賣。

羅斯柴爾德家族總是可以用最實惠的價格拿到滿意的土地。1848年，白金漢公爵邀請羅斯柴爾德家族參觀他位於白金漢郡的莊園，並且允許他們在這裡狩獵。結果就在這年夏天，白金漢公爵意外破產。於是，白金漢郡的大片土地被迫出售。

在5月舉行的規模更大的白金漢莊園拍賣會上，梅耶與白金漢公爵的兒子商討購買土地事宜。安東尼希望買下斯托，但是南森尼爾卻認為房子太大，不過買得便宜絕對會有很大的收穫。然而，南森尼爾最終打消購買的念頭。他認為在法國經營一處英國的莊園不太實際，但是像他的叔叔詹姆斯一樣，他還是把土地當作一項投資來看待。在8月長達40天的斯托拍賣會上，他們最終還是以合適的價格買下一些房產。

除了價格以外，羅斯柴爾德家族最關心的還是投資報酬率。1851年，白金漢出售一些農場，詹姆斯和南森尼爾一致認為，「如果他們付3.5%的土地利率，我們可以買下這些農場。如果不是，對於你我任何一個或是所有人來說，4.35%是一個不錯的土地利率，如果可以，我不會介意全部買下。」第二年，南森尼爾以3.5%的報酬率，準備為自己在格洛斯特郡的農場投資20萬英鎊。

因為歐洲的君主國大多限制猶太人購買地產，羅斯柴爾德家族把購置地產的欲望全部釋放在法蘭西共和國。法國羅斯柴爾德家族至少購置8座新的鄉村別墅，包括愛德蒙的S型山莊阿曼尼維利耶斯，這座山莊由朗萊斯和艾米爾・烏爾曼在19世紀80年代按照盎格魯-諾曼鄉村風格建造。

在奧地利，羅斯柴爾德家族遇到同樣的障礙——猶太人不被允許購置土地。為此，薩洛蒙特意向國王提交請願書，提到一直以來都把奧地利當

作第二故鄉，還列舉為奧地利政府做出的貢獻。

薩洛蒙在請願書中提到，他每年發放的工資有四到五萬弗羅林幣[1]，還有之後在達爾瑪希亞煤礦付出七十萬弗羅林幣。他表現得像個一無所求的慈善家，好像這些錢都是為了給那些「成千上萬即將窮困潦倒的人」維持生計一樣，目的就是為了說明至今為止他沒有從中賺到一分錢。最後，薩洛蒙謙卑地結束他的這封請願書：「假如您謙卑的請願者可以有機會請求獲得一塊私有領地，I.和R.閣下大人將會慈善地允許您最謙恭和忠誠的請願者和他的子孫後代們在摩拉維亞省擁有土地。」

請願書首先送交摩拉維亞和西利西亞的總督尤佳迪伯爵手中進行審查。在考察羅斯柴爾德家族對於奧地利做出的貢獻之後，尤佳迪伯爵出具一份報告：「對於羅斯柴爾德先生的個人品格而言，他在社會上的地位已經完全不同於那些平常情況下他的同胞們。他傑出的品格和鮮有的智慧，已經讓那些適用於規範其他以色列猶太人的法規完全不應該嚴格地運用在他的身上。」

這些溢美之辭終於使國王破例做出決定，允許羅斯柴爾德家族自由地購買地產和房產。1844年，薩洛蒙從亨克爾伯爵手中買下奧德貝格的地產，同時還有普魯士的魯德齊爾佐維茲房產。1845年，他買下胡爾特斯金。自1843年起，薩洛蒙就擁有臨近奧地利邊界的普魯士席勒斯多夫。在那裡的一邊，坐落著一座華麗的城堡，周圍有噴泉、護城河、瀑布、天鵝、岩洞、狗舍和禁獵區，另一邊有一座鑄造場和其他工廠。

---

1. 弗羅林幣：佛羅倫斯鑄造的一種金幣，1252年開始發行，流行於西地中海和西北歐，在中世紀晚期成為地中海西部的國際貨幣。

以最少的錢買到最好的畫

　　海涅曾經評價說：「詹姆斯已經有能力找到，甚至可以判斷出大部分領域的頂尖從業者，他的這個資質堪與路易十四相媲美。對於這一點，他那些巴黎的同僚們也確實相形見絀，後者喜歡將一堆庸才攬在身邊，詹姆斯・羅斯柴爾德男爵身邊圍繞的似乎都是任何領域的傑出人物。即使他對一個主題一無所知，但是他知道誰是這個方面的專家⋯⋯」在繪畫上也是如此，羅斯柴爾德家族追求最經典、最具代表性的書畫，包括行家一眼就可以看出其價值的大師級作品。作為猶太人，他們傾向於那些歷史悠久的畫作，尤其偏愛荷蘭黃金時代的作品。

　　羅斯柴爾德家族成員購買的第一幅名畫是法國藝術家讓-巴蒂斯特・格勒茲的《鄉村訂婚儀式》，這是典型的後洛可可風格鄉村風情畫作，詹姆斯早在1818年就慧眼相中，將其買下。萊昂內爾最早開始鍾情名畫也是從購買格勒茲的作品開始，他在1831年從拍賣商手裡購得他的《美滿蹣跚》，後來又購得格勒茲的另外4幅畫，包括《臨別之吻》。羅斯柴爾德家族推崇的另一位畫家是17世紀西班牙藝術家巴托洛梅・埃斯特班・穆里羅，到了19世紀40年代末，萊昂內爾、詹姆斯以及萊昂內爾的母親收藏穆里羅的全部作品。

　　此時，萊昂內爾已經成為名滿英國的「名畫」收藏家，你可以向他展示一整套的收藏，因為他會全部買下。1840年5月，就在克利斯蒂人的西

蒙·克拉克爵士名畫拍賣會上，萊昂內爾為叔叔買下林布蘭的一幅畫，這幅畫曾經屬於喬治四世。他還以全場最高價——3045英鎊為母親買下穆里羅的一幅畫《善良的牧羊人》，同時還有一幅佛拉蒙田園風景畫《勤苦的家庭婦女》，國家美術館在這次拍賣會上只出價2100英鎊，購得穆里羅的另一幅畫《幼兒時期的聖·約翰》。

對於羅斯柴爾德家族來說，17世紀荷蘭的作品更具有吸引力，顯示他們在名畫方面的鑑賞品味有不約而同的一致性。1840年，詹姆斯從喬治四世的收藏中購得林布蘭的《領袖》，以後他還購買林布蘭的《一個年輕男子的肖像》以及弗蘭斯·哈爾斯的《一個貴族的肖像》。

如果將他們對名畫的狂熱購買行為理解為一種家族或是個人的品味，那就大錯特錯了。那些早期繪畫大師的作品之所以吸引詹姆斯和萊昂內爾這類人，不僅是因為這些畫作本身具有審美價值，更多的原因是具有投資價值。他們絕對不是為了買而買，就像許多富人一樣，他們只買入可以帶來收入的資產，不會將自己的錢揮霍在一些毫無價值的消費品上。詹姆斯全部的收藏品保價1000萬法郎，相當於詹姆斯在家族合夥企業資金比例的四分之一，這一點就充分證明它的投資規模。

1840年，詹姆斯要求安東尼「如果有利可圖，賣掉林布蘭的畫」，他經過慎重調查，決定不買入一幅穆里羅的作品。1841年，他們決定集體運作在巴黎舉辦的一次重要的羅馬收藏品拍賣會，以便從中獲取一些有價值的繪畫作品。兩年後，穆里羅的作品在巴黎拍賣的時候，南森尼爾替他的母親漢娜買下那些畫。他們也隨時關注藝術品的行情，在一次國外的旅途中，萊昂內爾聽到巴特親王打算把他在拉頓的領地賣掉的消息，立即敏銳地感到機會來了，他想要瞭解巴特是否也願意將他收藏的畫作出售，於是寫信給安東尼：「這些是全英國最好的畫，我非常希望可以買下幾幅。但

是這件事情就讓它爛在你的肚子裡，千萬不要告訴任何人。你要保證在你到那裡之前，不要被別人知道而捷足先登。」

1846年，萊昂內爾買下約書亞‧雷諾茲最早的一幅作品《貝迪爾大人的肖像》。後來，他又對湯瑪斯‧庚斯博羅的作品產生興趣，接連買下後者兩幅代表作品。他同時擁有喬治‧羅姆尼的《愛瑪》和《漢彌爾頓女士》，以及約翰‧霍普納的作品。事實證明，羅斯柴爾德家族成員眼光的確獨到，這些作品在19世紀後期都變成搶手貨。

以羅斯柴爾德家族擁有的巨大財力，他們可以將任何人的作品收入囊中。事實也是如此，他們通常只會買最好的東西，不在意東西的價格。因為只有最好的東西才會升值，但是這不表示他們會隨便出價。事實上，「以最少的錢買到最好的畫」才是他們最終的目的。

1841年的佩雷考斯拍賣會之前，萊昂內爾、南森尼爾、梅耶、安東尼進行一場很長時間的討論，對整套藏畫的價值以及如何以最優惠的價格買下、怎樣分配進行深入研究。見到那些藏畫之後，安東尼報出一個底價——如果總價在35萬～40萬法郎之間，他會全部買進。拍賣會之前，有人向安東尼提出以60萬法郎轉讓菲利普‧沃夫曼和阿德里安‧凡‧德‧維爾德的作品，他的回應卻出乎意外地冷淡，他說高於50萬法郎的出價絕對不可能接受。接著，南森尼爾又親自前往查看，他立刻意識到這些畫作絕對是曠世精品，至少值50萬法郎，如果拿到倫敦拍賣會絕對會被一搶而空。後來，儘管賣家將價格降到48萬法郎，那些畫還是留到拍賣會上被拍賣。

到了晚年，出手大方的詹姆斯也變得小氣。有一次，他出價3000金幣購買一幅魯本斯的作品，卻被別人以7500金幣的價格買走。但是詹姆斯卻不後悔，雖然他不缺錢，但是絕對不會在市場最高峰的時候，買入一幅開

價1萬金幣的作品，這與家族奉行的謹慎作風不無關聯。

到了19世紀80年代，羅斯柴爾德家族成為世界上最大的藝術品買家，並且把他們青睞的藝術家和流派在主流藝術品市場上的價格推到一個難以想像的高度。布羅涅漢姆、雷科特和芳汀的拍賣市場上，到處都看得見羅斯柴爾德家族成員的身影。羅斯柴爾德家族第七代成員雅各對名畫有超乎尋常的狂熱，「我傾向於喜歡自己發現的畫，而且越來越喜歡它們，我罹患傳染性激情病。」

他為沃德斯登莊園購買的其他作品包括：安格斯・菲赫斯特的一尊有趣而憂傷的青銅雕像——一隻大猩猩手臂下挾著一條大魚，名字叫做《思維與感覺的若干差異》；里昂・巴克斯以羅斯柴爾德家族成員為原型繪製的《睡美人》；喬瓦尼・帕尼尼記錄1751年法國皇太子出生時慶祝活動的兩幅《不可抗拒》的油畫。

盯上這些作品幾年以後，他以非常公道的價格買下這些作品，後來人們逐漸發現，這些作品的價值，遠遠超過雅各當初買下它們的價格。

掌控礦產資源

　　19世紀早期，因為拉丁美洲用汞（水銀）提煉銀和黃金，使得水銀——世界兩種主要貴金屬之一，對銀行家產生巨大的吸引力。1830年12月，南森和詹姆斯和阿爾馬登汞礦公司建立一種「睡眠」夥伴關係，每筆交易得到的回報是2.5%的佣金，這是他們進行更大規模參與的第一步。

　　1834年，他們開始考慮加強對西班牙汞（水銀）市場的控制。萊昂內爾明確表示希望西班牙政府以汞礦為抵押，以換取1500萬法郎貸款。此時，他擊敗其他四家公司，以高出對手最高報價5%的價格，得到阿爾馬登汞礦的合約。按照英鎊來計算，汞礦每年的利潤至少為1.3萬英鎊，如果礦山產量增加，價格不跌，利潤還會不斷地增長。事實上，1838年產量出現增長以後，羅斯柴爾德家族每年來自汞礦的收入增加3.2萬英鎊。這些礦產一直到20世紀20年代，都源源不斷地提供穩定的收益，比如1871—1907年，羅斯柴爾德倫敦銀行從礦業上賺了大約90萬英鎊，佔總收益的8%。

　　從19世紀70年代起，羅斯柴爾德家族的興趣開始轉向黃金。特別是在加州和墨西哥，羅斯柴爾德兄弟積極參與那些最有前景的礦山開發工作。後來，他們在礦業諮詢工程師漢彌爾頓·史密斯的建議下，投資委內瑞拉埃爾·卡爾里歐黃金礦。1892年，他們完成聯合深井公司和格爾登輝斯深井公司的上市工作，一年以後完成朗德礦業和馬希侯諾爾蘭德金礦的上市工作，之後又完成江佩斯深井公司和湯斯威爾公司以及大眾聯合公司的上

市工作。從所有這些上市公司中，羅斯柴爾德家族獲得很高的收益。

此外，他們對寶石開採業也有極大的興趣，資助塞西爾・羅茲在南非開採鑽石，並且成為戴比爾斯公司的大股東，涉足的礦產資源包括水銀礦、銅礦和硝酸鹽礦。1883年，他們透過法國羅斯柴爾德銀行向俄國提供貸款，進而擁有巴庫油田的石油開採權，成為美國富豪洛克菲勒最大的競爭對手。在其最高峰的時期，大約三分之一的俄國石油產量由羅斯柴爾德家族控制。

礦產資源屬於不可再生資源，本身具有稀缺性。經營礦產企業，前期投資週期長、見效慢，但是如果形成氣候，就會成為極其穩定、豐厚的收入來源。對於這一點，恐怕沒有人比羅斯柴爾德家族更瞭解。

從當年南森購買水銀礦，薩洛蒙購買西利西亞的鐵礦，到二戰以後投資自然資源豐富的紐芬蘭，入股南非戴比爾斯公司，兩百多年來，羅斯柴爾德家族與礦產資源結下不解之緣。即使在20世紀70年代起的長達20年的世界礦產熊市中，家族遭受巨大的損失，他們也沒有放棄對礦產類企業的控制。這個堅持，展現羅斯柴爾德家族的遠見卓識。

到了19世紀80年代，羅斯柴爾德家族企業涉足的礦業達到一個空前的規模。如同他們在投資鐵路方面的先見之明一樣，礦山帶來的利潤遠遠大於國家債券，而且也大大減少他們資產減少的可能性。

從羅斯柴爾德家族倫敦銀行的資產負債表中，可以清楚地看到這一點：1886年，他們總共持有的礦業公司的股份只值2.7萬英鎊，但是在幾年之間，這個數字飛速增長。他們持有的朗德礦業的股票從1897年最低的15英鎊10先令，兩年後最高的時候漲到45英鎊。同樣地，羅斯柴爾德家族倫敦銀行和巴黎銀行購買價值10萬英鎊的瑪瑞維爾和耐吉爾黃金礦產公司的股份，上市以後以25%的利潤賣出這些股票。

法國羅斯柴爾德家族銀行同樣對自然資源青睞有加。1967年，法國羅斯柴爾德銀行成立全資子公司——北方信託公司，將主要資金投注於實業。他們還成立尼克爾鎳礦公司，這是世界第二大鎳礦公司，其伴生的鋅和銅的產量位居世界前列。北方信託公司從規模上說是一個中型公司，註冊資本為6000萬英鎊，其控制的子公司分布於新喀里多尼亞到南美洲、非洲和歐洲的廣大地區。這些子公司包括生產鎳、鋅、銅的尼克爾鎳礦公司，在茅利塔尼亞的米弗那鐵礦公司，在法國的貢巴涅鈾礦公司。在某個電視節目中，法國羅斯柴爾德第六代家族接班人大衛男爵第一次承認，家族擁有世界鑽石產量的70%以及鐵礦石的80%以上。

　　到了21世紀的今天，羅斯柴爾德家族仍然在這個投資領域獲得巨大的回報。2005年，國際市場上的鐵、銅、煤炭、原油等礦產資源不約而同地提高價格。

　　最可以反映羅斯柴爾德家族投資成績的是其對鐵礦石的控制權。以往每年春天，必和必拓公司①就會讓中國的鋼鐵生產企業緊張一次，鐵礦石談判的心理陰影難以消弭。事實上，世界各地的大型鐵礦基地可以充分供應全球需求幾十年，鐵礦石資源不存在稀缺的問題。然而，2004年以來，鐵礦石價格大幅提高價格，因為鐵礦石產業以及其他一些各國急需的工業原料被少數私人金融集團控制。日本、韓國、中國的大型鋼鐵企業每年都要與必和必拓公司、力拓公司談判鐵礦石的價格，2007年成立的中國國家外匯投資公司，一直希望入股必和必拓公司。

　　然而，必和必拓、力拓這兩家世界最大的礦業公司，正是羅斯柴爾德家族長期控股的「金母雞」。

第五章：動盪年代

1847～1858

破產危機

　　1848年發生的歐洲大革命是平民與貴族之間的一場抗爭，造成各國君主與貴族體制的動盪，這次革命從義大利的西西里島開始，並且很快波及法國。

　　1848年2月24日，有人看見詹姆斯出現在槍林彈雨的巴黎和平大街上，他正要前往拜訪法國財政大臣。這場革命遠比想像的來得突然，影響也更深遠，並且演變成一場政治霍亂，向歐洲蔓延。奧地利首相梅特涅得知巴黎革命的消息，如釋重負地說：「一切都結束了！」但是幾個月以後，梅特涅宣布辭職，喬裝逃亡到英國。

　　在這場歐洲平民與自由主義學者對抗君權獨裁的武裝革命中，受過教育的學者和律師擔負起草憲章、發表演講的角色，學徒和工人充當壁壘，經受炮火的洗禮。

　　羅斯柴爾德家族將革命視作一場自然災害，他們更願意遠離政治的辯論，等待局勢的穩定。當時，有一幅這樣的漫畫，畫的是阿姆謝爾向1848年法蘭克福新任命的部長詢問：「辯論中還沒有什麼交易達成嗎？部長先生！」

　　羅斯柴爾德家族奉行的是實用主義，他們在等待這場風暴的過去，對於那些被迫向人民意志低頭的君王沒有一絲同情，詹姆斯沒有為逃亡到英國的法國國王路易・菲利普流過一滴眼淚。羅斯柴爾德家族在為生命擔心

的同時，家族財產受到的威脅也讓他們擔驚受怕。

　　他們最直接的擔心，就是家族的財產是否會被革命政權沒收。同時，國家信用制度的瓦解，事實上已經讓羅斯柴爾德銀行發行的公債一文不值，變成廢紙。市場中流傳這樣的流言：羅斯柴爾德銀行就是下一個倒下的銀行。

　　革命打破舊有的制度，羅斯柴爾德家族在君主貴族中建立的信用網絡也隨著這些封建君王的倒下而瓦解，家族面臨沉重的打擊。「你不會享有那麼高的地位，革命已經讓羅斯柴爾德家族的錢袋子空了一半」，羅斯柴爾德家族面臨這樣的嘲笑。

　　正如羅斯柴爾德家族認為的那樣，法國的這次革命就像是風暴一樣，在疾風暴雨之後走向消亡。對於羅斯柴爾德銀行來說，處在風暴中心的巴黎和維也納分行損失最為慘重，羅斯柴爾德家族又陷入一段困難的時期。

　　那時的羅斯柴爾德家族開始被迫在家裡只留下一個傭人，做比較髒和累的工作，家族的女主人要親自幫孩子們穿衣服。在這個過程中，她們的手變得不那麼白淨和纖細。

　　在這場風暴過後，解救羅斯柴爾德銀行的卻是充滿敵意的美國代理人。詹姆斯很早就意識到美國業務的重要性，曾經派一個叫做貝爾蒙特的人到美國評估金融危機的情況，然後再轉道去哈瓦那，但是貝爾蒙特沒有像詹姆斯交代的那樣去古巴，而是在紐約成立貝爾蒙特公司，詹姆斯氣急敗壞地把貝爾蒙特稱為無賴，但是別無選擇，他最後還是回信給貝爾蒙特。

　　詹姆斯一直希望將美國這塊市場交到侄子們手上，但是年輕一代的羅斯柴爾德家族成員沒有人願意奔赴這塊充滿冒險精神的新興熱土，詹姆斯將這個問題的利害關係一字一句地說給侄子們聽，甚至允諾只需要去3～6

個月就可以，但是詹姆斯的如意算盤還是落空了。

19世紀中期的美國由於奴隸制度問題，南北雙方陷入對峙，甚至引發美國的政治危機。美國是歐洲移民拓殖開發出來的國家，自從移民登上北美大陸以來，農業一直是最重要的經濟活動，奴隸制度和美國農業有重要的聯繫。

1793年，由於伊萊‧惠特尼發明鋸齒軋棉機，棉花產量比舊軋棉機高出十多倍，使得棉花種植變得有利可圖。在此之前，一個採摘棉花的奴隸要花半天時間，才可以將一磅棉纖維和棉籽分開，惠特尼軋棉機每天可以分離上千磅。由此，一個種植棉花的黃金時代到來了。到了1850年，世界棉花供應量的78%出自美國南方，佔美國出口總額的一半。

19世紀的出口貿易帶動美國經濟的增長，北美居民用以與歐洲商人交換的產品包括菸草、皮毛等初級產品。19世紀40年代鐵路的大規模建設，更加刺激美國經濟的增長。從1847年開始，羅斯柴爾德家族在美國進行大量投資，主要方向是美國的棉花和菸草生意。

貝爾蒙特作為一個羅斯柴爾德家族之外的人，一直備受質疑，他在紐約擔心會被人取代。就在羅斯柴爾德銀行最關鍵的時候，貝爾蒙特向倫敦運送大量白銀，成為解救羅斯柴爾德銀行的一根救命稻草。

這時，在法國的詹姆斯進退兩難，他出現在警察局的時候，都會有人指責羅斯柴爾德銀行把大量的黃金運出巴黎準備逃走。法國政府也開始意外地要求他們支付之前的交易差額，同時提醒羅斯柴爾德銀行，他們的鐵路公司還欠著政府的錢。

詹姆斯向政府施展他的苦肉計，但是話語中明顯帶有一種撕下偽裝的威脅。在夏洛特留下的日記裡，記載詹姆斯的這封信：「羅斯柴爾德銀行的破產，對於法國來說是一場可怕的災難，相當於輕易殺死一隻會下金蛋

的鵝，法國永遠地放棄它提供的公共服務或私人服務。」

事實上，詹姆斯是在威脅將要整垮法國的財政體系。家族就像是一個債務人，如果欠了債權人太多的錢，債權人不會願意看到債務人破產。從一定程度上說，是法國政府拯救了羅斯柴爾德銀行。

到了6月22日，工人由於不滿工資薪酬和不平等的待遇，發動「六月風暴」，政府進行殘酷的鎮壓。馬克思評價：「中產階級作為一個整體，已經與專制主義和軍國主義聯繫在一起。」幸好羅斯柴爾德家族與新任財政部長古德紹保持親密的關係，古德紹也是一個猶太人。

1848年，路易・拿破崙宣布就任法國總統，羅斯柴爾德家族都猜測他繼承叔叔的對外擴張情緒。對於愛好和平的羅斯柴爾德家族來說，路易・拿破崙的上任讓他們陷入惱人的焦慮中，甚至擔心法國與普魯士之間會開戰。

但是隨著時局的演變，路易・拿破崙被證明不是一個激進的左派份子，於是羅斯柴爾德家族考慮向巴黎提供貸款。這時的巴黎正在計畫修建巴黎-里昂-亞維農鐵路，詹姆斯積極地參與這項計畫，他在寫給安東尼的信中說：「我們需要什麼東西的時候，最好的選擇就是它可以滿足羅斯柴爾德的所有要求，這樣就可以。」

詹姆斯對這個計畫充滿自信，一切似乎都在顯示，羅斯柴爾德銀行在復甦。同時，一場19世紀最大的糾纏在企業之間的戰爭正在醞釀。

搞垮動產信託銀行

在1848年歐洲革命的衝擊下，法國羅斯柴爾德銀行受到極大的損失。此後不久，由於在1848年革命中保駕有功，詹姆斯的競爭對手富爾德成為當朝紅人，出任法國財政部長。富爾德和羅斯柴爾德家族因為爭奪法國北方鐵路的修築權而結怨，前者一直想要伺機報復。與此同時，詹姆斯手下的助手埃米爾・佩雷爾為了實現自己的社會主義理想，背叛詹姆斯偷偷投靠到富爾德的門下。

作為一個堅定的聖西門實業社會主義者，佩雷爾向富爾德建議，成立一家屬於社會公眾所有的銀行——動產信託銀行，一方面將法國民眾的小額積蓄集中起來，可以打破羅斯柴爾德這樣的私人銀行家對國家金融的壟斷，政府今後可以直接從民間融資，用到國家建設最需要的地方；另一方面，可以把經濟發展所得以股息和分紅等形式返還給民眾，實現國強民富。想要伺機打擊羅斯柴爾德的富爾德聞聽此言，正中下懷，雙方一拍即合。

1852年，在拿破崙三世和財政大臣富爾德的大力支持下，佩雷爾兄弟的動產信託銀行開張了。法國政府親自出面為新銀行做宣傳，投機者蜂擁而來，狂潮席捲整個法國，投機迅速從中產階級蔓延到一般民眾之中。

詹姆斯表現得出奇的冷靜。他認為，像這個一半建立在「名人效應」上，一半建立在公眾投機基礎上的銀行靠不住，其償付能力值得懷疑，所

以他斷定這樣的銀行無法存活太久。

然而，動產信託銀行問世以後火爆異常，定價500法郎的股票到1856年3月漲到1982法郎，分紅從1853年的13%飆升到1855年的40%，使得詹姆斯關於動產信貸銀行的論斷聽起來像是無稽之談。

不久，動產信託銀行很快控制法國三條主要鐵路，又製造出大量新型金融產品，吸引無數的投資者，公司資產迅速增長，羅斯柴爾德家族在鐵路融資上的地位受到空前的挑戰，動產信託公司被譽為挑戰羅斯柴爾德家族統治地位的「鬥士」。

1854年克里米亞戰爭爆發，佩雷爾兄弟藉機向羅斯柴爾德家族發動一場大規模的進攻。奧地利在戰爭中保持中立，但是仍然需要動員軍隊加強邊防，可是政府連動員軍隊的錢也拿不出來。與詹姆斯作對的奧地利駐法國大使胡伯納為佩雷爾兄弟想出一個毒招，建議佩雷爾兄弟與奧地利政府接觸，購買奧地利鐵路的多數股份。這一招打到羅斯柴爾德家族的痛處，因為除了薩洛蒙擁有的北方鐵路，以及薩洛蒙競爭對手西納銀行擁有的南方鐵路以外，奧地利的其他鐵路都是屬於國有。在胡伯納的穿針引線下，佩雷爾兄弟與奧地利政府談判成功，以低於修築費用25%的價格，買下奧地利國有鐵路的一大批股票。

這種趨勢再持續下去，薩洛蒙的北方鐵路將會獨木難支，最終被佩雷爾兄弟擠垮，羅斯柴爾德家族決定展開報復性計畫。1855年底，佩雷爾兄弟開始吃到苦頭，剛取得奧地利國有鐵路控制權就想乘勝追擊，提出要在奧地利建立一家動產信託銀行，卻被告知奧地利已經有一家這樣的銀行，名字與法國的相似，叫做「公眾信託銀行」，銀行的負責人是薩洛蒙的長子——52歲的安瑟姆。

羅斯柴爾德家族對動產信託銀行進行精心的研究，認為這種投機性質

的銀行不會成為金融界的主流，但是為了反擊其對家族利益的衝擊，他們決定以毒攻毒，以家族聲譽擔保，也成立一家類似的銀行，但是杜絕投資生意。

1855年，奧地利公眾信託銀行開張，向社會公開招股。羅斯柴爾德家族的金字招牌吸引無數的投資者，維也納市民露宿街頭，通宵排隊購買銀行的股票。由於認購者太多，安瑟姆只能一次又一次地對原始股進行溢價處理。結果，到了當天晚上，價值1500萬弗羅林的股票賣到單股6.44弗羅林，公眾對羅斯柴爾德家族的威望與能力深信不疑。在此後的一個星期裡，公眾信託銀行的股票在維也納證券市場上從每股17弗羅林上漲到34弗羅林。

在詹姆斯的領導下，第三代羅斯柴爾德家族成員對佩雷爾兄弟的動產信託銀行展開全面反攻。佩雷爾兄弟由於戰線拉得過長，陷入資金不足的困境，羅斯柴爾德家族有力地切斷他們的現金支援。1855年9月，佩雷爾兄弟宣布發行長期債券，羅斯柴爾德家族利用其在中央銀行的影響力，以「減輕資本市場的壓力」為由，凍結動產信託銀行企業債的發行，使其難以繼續為龐大的土地開發項目提供投資，此舉對佩雷爾兄弟打擊不小。

1856年初，羅斯柴爾德家族向奧地利政府提供1000萬英鎊的貸款，取得義大利倫巴底至威尼斯鐵路的修建權。不久，他們又用300萬英鎊取得奧地利南方鐵路的修建權。隨著鐵路建設日漸超出國界，法國動產信託銀行明顯敵不過羅斯柴爾德家族分支機構遍布各國的優勢。1857年以後，在鐵路融資方面，佩雷爾兄弟只能甘拜下風。

1859年，法奧戰爭爆發，法軍擊敗奧地利軍隊。佩雷爾兄弟的動產信託銀行資助法奧戰爭，開始顯露敗象。1860年，動產信託銀行的股票從1600法郎下跌至800法郎。此後，由於動產信託銀行的一名董事爆發金融詐

騙的醜聞，致使佩雷爾兄弟的信譽掃地，富爾德因此引咎辭職。但是一年之後，拿破崙三世又重新召回富爾德。復職以後的富爾德對佩雷爾兄弟明顯冷淡，動產信託銀行開始江河日下，由於擴張過度，管理不善，利潤逐年萎縮。

由此，富爾德向拿破崙三世發出這樣的建言：「法國政府在籌集公債方面不能依靠佩雷爾兄弟，而是應該與羅斯柴爾德銀行修好。」

1864年，拿破崙三世出兵墨西哥，企圖將親法的馬西米連諾大公扶上王位。佩雷爾兄弟為政府發行戰爭公債，企圖從中大撈一把。

這時的詹姆斯已經對法國軍隊的戰鬥力失去信心。不出所料，法國戰敗，馬西米連諾被革命者處決，為政府發行戰爭公債的動產信託銀行遭受巨大的損失。這個時候，投資者都看出信託銀行只是在搞投機，外強中乾，這些投資者將佩雷爾兄弟告上法庭。

拿破崙三世也開始冷落佩雷爾兄弟，他信誓旦旦地說：「動產信託銀行為政府做了很多事，但是我不能阻止國家的司法程序。」拿破崙三世的這番話，成為壓垮動產信託銀行的最後一根稻草，動產信託銀行開始用自己的本金向投資者支付股利。1866年，動產信託銀行出現800萬法郎的赤字，股價下跌到350法郎，從此一蹶不振。

1867年10月，動產信託銀行宣布破產，佩雷爾兄弟逃亡到出生地葡萄牙，在一間普通的公寓裡，過著貧民的生活。這時，佩雷爾曾經的支持者富爾德也辭職，幾個月以後在失意中死去。至此，人們才看清了，在兩個金融巨人長達十幾年的爭鬥中，誰才是最後的勝利者。

同盟體系的終結

　　合夥人機制是羅斯柴爾德家族銀行經營成功的法寶，在這個體系之下，所有成員在一個聯繫緊密、不可分割的利益團體中團結合作，任何動議都要經過合夥人集體討論，任何業務都要經過一致同意才可以實施，業務成果平均分配，使得這個家族企業保持近一個世紀的活力。

　　有一些事實可以說明這一點。在1815—1914年將近一個世紀的時間裡，羅斯柴爾德家族非常輕易地佔據世界最大銀行的寶座。在19世紀80年代初期之前，羅斯柴爾德五兄弟一直生活在自己的聯盟裡。20世紀沒有可以與之媲美的公司和人物，即使今天最大的銀行業國際公司，也享受不到羅斯柴爾德公司鼎盛時期的「霸權」。今天，沒有人擁有的資產佔世界財富的比例可以與19世紀20年代中期到60年代的南森以及詹姆斯匹敵。

　　然而，隨著時代的發展，這種以血緣關係為核心的合夥人體系的弊端日益顯現。從19世紀50年代開始，羅斯柴爾德家族不同分行之間的利益衝突日益嚴重，問題越來越尖銳，合夥人之間存在著不和與爭吵。不可避免的是，家族的整體野心使羅斯柴爾德成員的個人意願之間也存在衝突。卡爾為此抱怨：「在巴黎，他們總是什麼都想要插手，特別是那些他們不懂的事情，結果往往是他們自己的管理出現問題，卻坐享我們辛勤工作的成果。」

　　面對這種有礙團結的現象，詹姆斯心急如焚。他一再肯定原來的合

夥人體系，並且高呼：「每個人都必須手拉手共同前進，讓其他人可以確信每個部分的業務之間沒有任何的區別，而且銀行之間應該相互鼓勵和支持，讓其他人完全瞭解你的生意情況，每個人都不會試圖把所有的好處一個人包下來。」

在這個時期，維也納羅斯柴爾德家族銀行和其他銀行之間也產生一些棘手的問題。安瑟姆願意與那些對手銀行，包括佩雷爾兄弟的下屬銀行、地產信貸銀行，甚至是世仇的艾蘭格爾集團進行合作。

事實上，安瑟姆之所以這麼做，也是迫於現實需要。在19世紀90年代，羅斯柴爾德家族雖然壟斷新發行的奧地利和匈牙利國債，但是隨著這兩個國家引入新的國內金融資源，這種壟斷控制的局面被逐步打破。1897年以後，所有新發行的國債必須分配給郵政儲蓄銀行一定的比例。六年之後，奧地利財政部長允許羅斯柴爾德銀行之外的大型銀行，例如維也納銀行參與主要的債券變換工作，而且這兩個國家還對新發行的債券採用公開申購的體系，這個做法在當時已經成為大多數西歐國家的通行做法。

既有外在市場競爭的各種壓力，又伴隨著股份合作制銀行這樣強大對手的崛起，與過去相比，羅斯柴爾德銀行的金融勢力在明顯地減弱。新的承銷項目變得更大，要求合夥制企業的帳面有更大數額的資金，他們獨力難支，不可能不取得當地銀行的支持而獨自承銷大型的債券發行。他們需要與當地銀行發展夥伴關係——在倫敦是霸菱銀行，在巴黎是高級銀行，在維也納是商工銀行，在德國是貼現公司，這些銀行的業務規模已經遠遠超過其他羅斯柴爾德銀行之間的跨境交易金額。

於是，阿道夫做出退出合夥體系的決定，並且在1863年關閉羅斯柴爾德家族那不勒斯銀行，理由是那不勒斯市場已經失去其自身的重要性。與此同時，他退出自己的股份——實際上相當於清算那不勒斯銀行的資金。

安瑟姆也試圖擺脫維也納銀行對巴黎銀行的從屬地位，之後倫敦和維也納銀行之間也出現類似的帳務分家的情況。家族內部關係不和，不思進取，合夥制的弊端表現得淋漓盡致。

隨著時間的推移，羅斯柴爾德家族銀行的合夥關係在實際運作過程中變得越來越鬆散，對這種合夥關係的修訂也越來越頻繁。由於遺產稅的引入，家族需要一種更精確的方式來評估每個人在合夥企業中的股份市值，因此決定以年度為期，編制合併的資產負債表。在其最後的十年裡，老羅斯柴爾德創立的合夥人體系實質上只有英國和法國兩個軸心，與維也納的聯繫幾乎終止了。

到了20世紀早期，這種跨國合夥同盟體系終於走到盡頭，由南森、詹姆斯、薩洛蒙分別建立的倫敦、巴黎、維也納銀行，變成完全獨立的實體。

對於以維繫家族為使命的詹姆斯來說，這樣的局面是他最不願意看到的。然而，隨著時代的發展，僵化的體系被充滿活力的新體系替代，這是大勢所趨。

沉默的議員

　　儘管羅斯柴爾德家族在歐洲金融市場呼風喚雨，但是由於他們不屬於英國國教教徒，所以他們在其他領域的行為受到相當多的限制。他們被排斥在政治生活之外——特別是參與內閣事務困難重重，原因是每個內閣成員在獲得議員席位的時候，都要有一個宣誓：「完全忠誠於基督教信仰。」對於堅守猶太教信仰的羅斯柴爾德家族來說，當然是不可接受的。

　　在英國這個以宗教刻板聞名的國家裡，羅斯柴爾德家族為了爭取猶太人的權利，進行艱苦卓絕的鬥爭，直至最後取得勝利。在這個過程中，南森的兒子萊昂內爾功不可沒，他是家族中第一位走上政治舞台的成員。

　　與父親南森迥然不同，萊昂內爾性格恬靜，做事循規蹈矩，沒有年輕人常有的叛逆性。在父親的調教下，他繼承父親的金融天分，表現出非凡智慧和商業手腕。1833年，英國政府向羅斯柴爾德銀行借了2000萬英鎊，南森讓萊昂內爾運作這筆貸款，結果運作得非常成功。由此，萊昂內爾在英國金融界聲名鵲起。南森去世以後，萊昂內爾順理成章地成為英國羅斯柴爾德家族的掌門人，銀行的生意在他的手中被處理得井然有序。

　　當時，英國實行君主立憲制，國家權力集中於議會，議員擁有至高無上的權利。在英國，只有當上了上議員，才可以真正進入政治生活的圈子。在好友英國首相迪斯雷利的大力遊說下，萊昂內爾終於下定決心，以自由黨候選人的身分參加英國下議院議員的選舉。彼時，外界也在敦促萊

昂內爾在政治上採取更積極的行動。1841年，愛爾蘭領導人丹尼爾的一個政治協會邀請他出席一個公共集會，提議討論猶太人的政治地位問題。兩年後，甚至有人主動提出要為他參選提供幫助。

在最關鍵的時刻，家族成員從來沒有停止為萊昂內爾鼓勵。安東尼留在倫敦，為萊昂內爾的競選提供援助。南森尼爾也寫信給他：「我希望你可以成為下議院議員……我可以想像這次競選給你帶來很多煩惱和麻煩，但是上帝保佑，你一定會成功。這是你們家庭最偉大的勝利之一，並且會給德國以及全世界的猶太人帶來福音。」

在下議院議席的角逐中，萊昂內爾的參選綱領沒有什麼特別的，除了「信仰自由」的宗教綱領以外，就是支持自由貿易。他認為，猶太人要擁有自己的權利，主張擴大公民權，宣布反對死刑。經過一番激烈的角逐，在1847年的選舉中，萊昂內爾輕鬆獲得競選的成功。

捷報傳來，萊昂內爾的家人和朋友迫不及待地為他開慶功宴。南森尼爾的妻子歡呼：「這個選舉結果對猶太民族來說，是新世紀的開始。他們跟你一樣，獲得最偉大的成功。」薩洛蒙也從維也納寫賀信給他，沒有什麼消息比這個更令他興奮的。

然而，他們的興奮之情很快就化為烏有——萊昂內爾被要求以基督教的方式進行宣誓，但是他希望以猶太教的方式宣誓，此事引起激烈的爭論。1851年4月，一個新的《斷絕宣誓（猶太人）》法案遞交給國會，最終英國下議院通過法案，允許萊昂內爾以一個猶太教徒的身分宣誓，這個法案最終還是被英國上議院否決。萊昂內爾毫不妥協，宣布退出以表示抗議。

或許今天的人們難以理解萊昂內爾如此固執的原因，就是當時的人也不一定會理解。在猶太商人之中，為了金錢和利益而放棄猶太教信仰，從

來不乏其人。在著名的猶太銀行家中，倫敦的哈姆勒、柏林的布萊希羅德都皈依基督教。猶太商人的人生目標簡單直接、清晰明確，一切都是為了利益，這對成功極有助益。不過，羅斯柴爾德家族卻是一個例外，即使遭受許多磨難，他們也不願意違心地接受其他信仰，反而「風雨生信心」，對自己的信仰更堅定。

1852年，萊昂內爾再次參選下議院議員，再次因為上議院的阻撓而無法就職。這反而激發萊昂內爾的鬥志，他決定繼續努力下去，直到當選為止。於是，在他的從政道路上，出現這樣的循環：競選——當選——拒絕就職——再次競選——當選——再拒絕就職。截至1858年，經歷十四次「廢除猶太人無資格參加議會政策」的努力之後，情況終於發生扭轉。

在這場曠日持久的戰鬥中，萊昂內爾的就職成為當時英國政壇的熱門話題。為了支持自己的老朋友當選，英國首相迪斯雷利不顧自己所在的保守黨的立場，多次呼籲議會可以主持國家公正，摒棄曾經在黑暗時代的迷信，為身為自由黨員的萊昂內爾助威吶喊。

日子一天天過去，萊昂內爾艱苦卓絕的努力贏得越來越多公眾的同情和支持。由於他的被迫辭職，使得倫敦商業區顯赫的政客們之間瀰漫著巨大的憤怒和不滿的情緒，內閣壓力越來越大。1858年7月，英國上議院終於做出妥協，同意下議院可以採取自己認為合適的方式，修改議員的就職誓詞。

7月26日，萊昂內爾終於以勝利者的姿態來到下議院宣誓就職。在剛通過的法案中，宣誓形式已經修改，正好符合他的情況，這是羅斯柴爾德家族長期以來所期待的政治勝利，在以基督教為國教的英國，實在是不同尋常。為此，他的妻子歡呼：「缺口已經打開，誹謗、偏見、狹隘的障礙顯然正在消除。」

隨後，萊昂內爾以猶太教的聖典——《聖經》（舊約）宣誓，簽署誓言，最終在經過十多年的考驗以後得以就職。為了等待這一天的到來，他用了十一年的時間。然而，一切的等待都是非常值得的。二十七年以後，萊昂內爾的兒子南森・梅耶成為英國第一位猶太裔貴族和上議院議員，他也是用他父親的猶太方式進行宣誓。

萊昂內爾的雄心不是在於政壇中的風光無限，當選下議院議員以後，他從未在議會的任何會議上發言。很多年來，由於罹患嚴重的痛風，他無法行走自如，在他去世前的很多年裡，他無法進行任何運動，必須坐在為他特製的輪椅上才可以到辦公室，阻礙他參與奔走遊說、拉攏選票的活動。不過，他的同事高斯陳先生向公眾宣告，萊昂內爾只要坐在他新法院的辦公桌前，就可以發揮比其他更積極遊說的代表們更多的影響力。事實上，由於英國上流社會對猶太人根深蒂固的成見，使得萊昂內爾在英國下議院可以發揮的影響極其有限，這或許是造成他情緒容易暴躁的原因之一。為了從這種憂慮和束縛中獲得一些放鬆，也是出於一種宗教義務，萊昂內爾廣施善舉，如果有什麼海外捐助活動，他都是第一個寄出匯款的人，而且還為成立的基金會進行捐贈。他聽說這些捐助產生很大作用的時候，他的雙眼就會閃爍著興奮的光芒。

有些人試圖尋找羅斯柴爾德家族在政治上發揮影響力的動力，找到的唯一源頭，可能就是對上帝的信仰。正如萊昂內爾在遺囑中對他的兒子們所說：「不要忘記對上帝的責任。」

萊昂內爾去世的第二天，英國《泰晤士報》用很大的篇幅記述萊昂內爾投身於猶太人政治解放運動的成就，以及他歷時十一年競選議會席位的歷史。文章對這位堅毅、有才華的人給予頌揚，稱他是當時經濟世界中的金融舵手，他也在英國社會贏得廣泛尊敬。

第六章：在戰爭中繁榮

1859～1873

法國的借款人

1858年12月5日，詹姆斯拿著前一天的《導報》去找拿破崙三世，向他抱怨這篇文章對法國金融市場造成的打擊。

19世紀50年代末，法國還是歐洲的第一大國。1848年，法國派兵幫助義大利鎮壓革命。在此之後，軍隊長期駐紮在羅馬，當時的義大利仍然處於分裂狀態，大多數地區被外國勢力控制：奧地利統治義大利的中部和北部的大多數邦國；西班牙的波旁王室控制南部的西西里王國。隨著工業革命的開展和資本主義的發展，義大利要求民族獨立和國家統一的運動日益高漲。在義大利的皮埃蒙特，成立以綠、白、紅三色旗為標誌的革命軍，希望可以趕走奧地利人。

1858年，拿破崙三世尋找所有藉口在義大利發動戰爭，最終的目的是要重新規劃義大利的版圖。為了實現這個計畫，法國首先要把奧地利人趕出義大利。1859年1月，法國的拿破崙三世與皮埃蒙特達成協議，聯合向奧地利宣戰。

19世紀60年代，以義大利皮埃蒙特政府和法國政府聯合對抗奧地利為序幕，接下來的許多戰爭也大多發生在這幾個國家之間。

在戰爭一觸即發之時，詹姆斯在拜訪法國皇帝的時候說：「皇帝陛下不瞭解法國，二十年以前，發動一場戰爭不會引起任何大的動盪，因為除了銀行家，很少會有人持有股票或是商業債券……現在，如果發生一場戰

爭，帝國就會什麼也沒有了。」

這段話可以作為羅斯柴爾德家族在19世紀60年代最真實的寫照，金融家幻想長久的和平，以此來延續靠信用市場建立的金融利益。但是，雄心勃勃的野心家卻要打破這個平靜，19世紀後期的歐洲歷史證明這一點，羅斯柴爾德家族期待的長期安寧只能靠戰爭來獲得。

1859年4月，奧地利和法國聯軍正式開戰。詹姆斯試圖說服拿破崙三世放棄戰爭，他處於被動之中。在19世紀60年代的外交活動中，金錢的作用相對有限，戰爭危機已經超越羅斯柴爾德家族可以控制的範圍。在瀰漫的炮火中，羅斯柴爾德家族只能看著債券價格一路下跌。雙方真的交火的時候，我們有理由推斷，羅斯柴爾德家族陷入沉重的哀怨中，但是現實的情況是：這些接踵而來的戰爭，不僅沒有打擊羅斯柴爾德家族作為世界的銀行巨頭的地位，反而為他們提供前所未有的業務機會。

開戰以後不久，4月的一天，羅斯柴爾德銀行從倫敦發給巴黎的電報上這樣寫道：「奧地利需要兩億弗羅林。」詹姆斯的目標是尋求戰爭帶來的生意，並且尋求利潤的最大化。發生在19世紀中葉的所有戰爭，對抗的雙方都處於資金短缺的困境，這樣就展現銀行對於戰爭的重要性，以及銀行可以在戰爭中取得高額利潤的原因。

1860年9月，羅馬城義大利統一運動爆發，在暴動中，國王帶著殘餘的軍隊逃離羅馬，最後只能派信使前往巴黎，向詹姆斯尋求借款。但是，詹姆斯拒絕這個請求，因為他透過打探得知，拿破崙想要撤走在加他的軍隊，讓那不勒斯自生自滅。

義大利實現統一，西西里波旁王朝結束。不過，即使羅斯柴爾德家族拒絕國王的貸款請求，也未能與新的政權建立關係，最終只能離開義大利。

羅斯柴爾德家族不願意看到這個尷尬的局面，但是在義大利的阿道夫對於王朝始終保持熱切的忠誠，終生與「陛下」保持親密友好的關係。儘管羅斯柴爾德銀行被迫離開義大利，但是不久之後，詹姆斯看到的義大利已經是一片「製造財富的地方」。詹姆斯說：「它們都是為我們而造。」

就在奧地利政府發現羅斯柴爾德家族的巴黎銀行為托斯卡尼發行債券的時候，詹姆斯向奧地利政府表達他也願意為奧地利政府提供幫助的想法。

義大利戰爭促使法國公共借貸的增加，當時的熱錢——黃金和白銀主要流向埃及和印度，這些地方是歐洲的紡織工業需要的棉花的主要來源地。歐洲貨幣的再次緊缺，表示羅斯柴爾德家族影響力的再次復甦。

義大利戰爭結束以後，富爾德擔任法國大臣一職，開始推行新的經濟政策，試圖降低股票交易金額，但是市場沒有按照富爾德構想的趨勢發展。後來的事實證明，影響股票交易金額以促使股票上漲的幕後推手就是羅斯柴爾德家族。

1862年2月17日，拿破崙和富爾德登門拜訪詹姆斯，邀請羅斯柴爾德家族成員到菲爾里斯圍場打獵。這個舉動向外界傳遞一個訊息：羅斯柴爾德家族再次佔了上風。當時的媒體稱「羅斯柴爾德家族又將為法國政府提供貸款」。

著名的菲爾里斯圍場是羅斯柴爾德家族在1820年從一個沒落的貴族手裡買下的，現在這裡養了很多乳牛、細毛羊，牠們徜徉在一望無際茂盛的草場上。

拿破崙這次打獵出行得到羅斯柴爾德家族最高規格的接待，但是沒有消除拿破崙對羅斯柴爾德家族的不信任感，他只是因為利益和羅斯柴爾德家族暫時站在一起。這次家庭聚會，是羅斯柴爾德家族召集的一次歐洲高

層之間的會面，菲爾里斯圍場裡迴盪著羅西尼為這次打獵創作的《民主獵人大合唱》。這次打獵收穫頗豐，總共打到1231隻動物，詹姆斯在和皇帝告別的時候，忍不住說出這樣一句話：「陛下，我們今天的這份帳單可是夠貴的。」

羅斯柴爾德家族對於法國在國際危機中不斷扮演「插一腳」的角色非常反感，但是對於拿破崙三世來說，他更在意是否可以從羅斯柴爾德家族那裡貸款，甚至緩和與英國的關係。在19世紀的外交事務中，法國一直在爭取英國的支持，法國在處理與普魯士的任何關係的時候，總是把英國的支持作為最基本的條件。

在日益緊張的歐洲危機中，詹姆斯和兒子阿方斯經常會見拿破崙三世；卡爾可以帶來俾斯麥的消息，再透過萊昂內爾將消息傳給英國女王，任何英國的反應又會透過羅斯柴爾德家族的資訊通道傳遞出去。關於消息的可信度，英國政府專門做過調查，認為羅斯柴爾德家族的資訊是可靠的。由此，這些資訊成為英國和各國政府採取外交策略的主要參考。

事實證明，羅斯柴爾德家族這種順暢而古老的資訊通道，使很多受困於外交迷局的政治家樂於拉攏羅斯柴爾德家族。在歐洲，有「鐵腕」之稱的俾斯麥也不例外。

對於普魯士首相俾斯麥來說，1865年夏天最重要的工作，就是要想盡各種辦法，阻止奧地利政府從資本市場成功地融資。

「鐵腕」俾斯麥

從一定意義上說，19世紀的歐洲歷史正是在俾斯麥的影響下展開的。

1815年4月1日，俾斯麥出生於德國柏林易北河岸邊的一個小鎮，俾斯麥的祖先為世襲的地主，世代從軍。19歲的時候，俾斯麥進入哥廷根大學，在這裡俾斯麥浪費金錢和時間，在大學時代聲名狼藉，但是不妨礙俾斯麥充滿自信地說出這樣的話：「在學校，我要做他們的首領，將來進入社會，我要做社會的領袖。」

大學畢業以後，俾斯麥繼承家族的土地，成為一位農場主人。這時的俾斯麥，整日沉淪於狂歡、暴食、豪賭、女色。直到有一天，俾斯麥遇到喬安娜，瘦小的喬安娜不漂亮，但是對於當時的俾斯麥來說，比起尋找浪漫的戀人，他更需要一個可以給他安慰、讓他脫離空虛感的人。兩人很快訂婚，結婚以後，兩人生活幸福美滿。1847年，32歲的俾斯麥成為柏林的州議員。

隨著步步升遷，俾斯麥從一個放浪形骸的浪蕩貴族變成一個精於謀略的政治家。

俾斯麥在36歲的時候被任命為駐法蘭克福的代表，對俾斯麥的政治生涯來說，這個階段是一個重要的時期。當時的德國議會剛恢復，法蘭克福議會的議長是奧地利大使，他總是以上司對下屬般的態度召開議會，俾斯麥承擔維護普魯士在德意志地位的職責，經常對這位大使表達普魯士人的

不滿。

　　奧地利的這位大使會見各國大使的時候，都是坐在椅子上，來訪的使節必須站著回答他提出的問題。在議會上，他更是旁若無人地叼著雪茄，但是其他人不可以吸菸。

　　俾斯麥對這一切忍無可忍，有一次，他會見這位大使的時候，看見大使坐在椅子上，他也拉了一把椅子坐下，這個舉動對於其他國家的使節來說是一個訊號。此後，各國大使也開始與奧地利大使坐下來交談。俾斯麥看見奧地利大使在議會上吸菸的時候，他湊上前去，掏出口袋裡的雪茄，對他說：「借個火。」在各國大使驚愕的目光中，俾斯麥點燃雪茄，從此以後，各國大使也開始在議會上吸菸，數十年的慣例被打破。

　　俾斯麥感覺自己與法蘭克福的政治氣氛格格不入。「整天就是一個人懷疑和窺探另一個人。」但是他覺得阿姆謝爾是一個例外。

　　在法蘭克福的時候，第一個來拜訪俾斯麥的客人正是阿姆謝爾。在這個時期，雖然羅斯柴爾德家族為了躲避紛爭，對德國議會採取敬而遠之的態度，但是希望和普魯士的代表建立良好的關係。

　　那時，阿姆謝爾已經年近八十，俾斯麥經常在家裡向妻子模仿羅斯柴爾德的口音，包括用猶太人的口音和語法來說德語。俾斯麥這樣談起阿姆謝爾·羅斯柴爾德：「是一個非常老的猶太人，擁有成噸的金銀，有很多黃金做的盤子和刀叉。」在當時的俾斯麥看來，羅斯柴爾德家族代表上層社會的最高地位，擁有金錢，而且所有人的錢加起來也比不上羅斯柴爾德家族的財富。

　　俾斯麥是羅斯柴爾德家族的座上賓，他和羅斯柴爾德家族的友誼從一起喝湯開始，三十年前，梅特涅與羅斯柴爾德家族的友誼也是從喝湯開始的。不過，我們有理由認為，他們之間的關係親密得非比尋常，甚至在

俾斯麥找不到住所的情況下，阿姆謝爾為他提供一座華美的羅斯柴爾德別墅。

在俾斯麥給妻子的信中，曾經這樣寫道：「我在老阿姆謝爾‧羅斯柴爾德家的花園裡，為你撿拾捲曲的落葉……我喜歡他，因為他是一個誠實的老猶太小販，不會做任何偽裝……他是家族中最年長的一個，也是很可憐的一個；他是無子嗣的鰥夫，而且被自己的僕人欺騙，被自己法國化和英國化的狂妄的侄子和侄女們瞧不起，他們將會在他死後，不抱有任何愛或感激之情地繼承他的財富。」俾斯麥帶著憐憫的心態，看待這位終生勤勉、行將就木的猶太富商，那時的老阿姆謝爾也一心討好俾斯麥。

俾斯麥與羅斯柴爾德家族之間繞不開一個問題——奧地利，在這個野心勃勃的政治家和業務遍及歐洲的銀行家族之間，這個問題特別明顯。羅斯柴爾德家族從薩洛蒙時期就與奧地利政府保持緊密的業務往來，然而奧地利卻是俾斯麥最大的敵人。

1919年，德意志王國建立，隨著地方封建勢力的日益強大，德意志皇帝的權力不斷衰落，形成許多邦國。17—18世紀，普魯士和奧地利發展為歐洲大陸的強國。普魯士想要將奧地利趕出聯邦，這樣一來，普魯士就可以主導德國。

在俾斯麥看來，任何提供方便給奧地利的人，都會成為自己的敵人。隨著歐洲局勢的變化，俾斯麥與羅斯柴爾德家族的關係也發生巨大的轉變。

1852年，德意志聯邦投票決定向羅斯柴爾德家族貸款26萬荷蘭盾，以填補軍費開支，當時的議會是由奧地利的圖恩伯爵主持，這個決定顯然代表奧地利的利益，俾斯麥對這筆貸款極力阻撓，特別指派一個人對負責此事的阿姆謝爾進行施壓。羅斯柴爾德家族發現自己處於聯邦議會衝突的中

心，儘管這是他們不願意看到的局面。

這時，圖恩向羅斯柴爾德家族態度強硬地表示：議會才是聯邦權力的最高代表。在圖恩的強硬態度下，阿姆謝爾同意發放貸款的決定。

俾斯麥對於羅斯柴爾德家族的做法表示憤慨，並且表示不再接受來自羅斯柴爾德家族的任何邀請。他還威脅，普魯士政府將會斷絕一切與羅斯柴爾德家族的業務往來。

在俾斯麥決絕的回應之後，羅斯柴爾德家族開始頻繁密集地拜訪俾斯麥的舉動，卡爾、薩洛蒙和他的兒子安瑟姆專程到法蘭克福拜見俾斯麥，年輕的安瑟姆將所有不當的行為怪罪到自己的叔叔阿姆謝爾頭上，說他是老糊塗，因為被圖恩恐嚇威脅才會同意提供貸款。

很快地，俾斯麥與羅斯柴爾德家族又恢復以前那樣的友好關係。俾斯麥深信，比起普魯士政府，這個家族更害怕奧地利政府，阿姆謝爾的所作所為是在圖恩伯爵的脅迫下所致。

同時，維繫這段關係的重要原因還在於，羅斯柴爾德家族認為俾斯麥可以做成一番事業。

儘管在普魯士政府內部存在激烈的政治鬥爭，這些派別的不同政見也反映在對於羅斯柴爾德家族不同的態度上，但是直到1859年離開法蘭克福的時候，俾斯麥都與羅斯柴爾德家族保持友好的關係。隨著俾斯麥的權力日益強大，歐洲局勢不斷變化，俾斯麥和羅斯柴爾德家族之間的關係也開始變得複雜。

俾斯麥因為強硬的外交態度得到威廉四世的信任，開始頻繁地在普魯士的外交事務中嶄露頭角。俾斯麥在歐洲的作用越來越大，這時在俾斯麥的內心，統一德意志聯邦的願望日漸強烈。

丹麥作為德意志的北鄰，經常插手德意志的事務，因此俾斯麥第一個

想要解決的就是丹麥。1861年，丹麥國王欲接管普丹邊境的什勒斯維希和霍爾斯坦兩地，俾斯麥立即以此為由製造爭端。普丹戰爭之前，他先確保其他列強不會干涉此事，然後與奧地利結盟共同攻打丹麥。

俾斯麥想要實現德國統一，迫不及待地將所有弱小國家收入囊中。奧地利和普魯士屬於德意志聯邦，如果奧地利退出聯邦，表示普魯士將會在統一的德意志聯邦中充當主導力量。

1862年，俾斯麥被任命為普魯士首相。俾斯麥一直堅信，可以依靠陸軍力量完成統一大業。隨著俾斯麥權力的日益擴大，普魯士與奧地利之間的這場戰爭已經不可避免。

奧地利貸款計畫落空

俾斯麥在1862年成為普魯士首相，他的鐵腕政治也隨之進一步推行，羅斯柴爾德家族發現俾斯麥的政治野心與自己的意願已經越走越遠。

與梅特涅不同，俾斯麥沒有向羅斯柴爾德家族借過很多錢，他只是在1861年用在羅斯柴爾德銀行的帳戶，買過一個酒莊的股票。

1866年，布萊希羅德家族將俾斯麥的帳號從羅斯柴爾德家族的銀行挖走，因為布萊希羅德家族可以用畢恭畢敬的態度對待俾斯麥，羅斯柴爾德家族卻做不到。

羅斯柴爾德家族成員以一種既憎惡又欽佩的複雜感情來看待俾斯麥，稱他是一個狂妄的人，安瑟姆把俾斯麥比作一頭「狂野的野豬」。俾斯麥和羅斯柴爾德家族之間形成一種微妙的關係，這種關係可以理解為金融家的求穩心理和政治家野心之間的博奕和對抗。

這時的俾斯麥已經注意到，利用適當的金融活動來干擾奧地利貸款依賴的金融市場是一個明智之舉，這個舉動可以加速這個市場的頹勢。俾斯麥的手上有一份報告，上面寫著：「由於缺乏信貸的支持，奧地利政府可能會暫時放棄其大國地位。」俾斯麥在這句話下面，深深地畫上一道橫線。

對於俾斯麥干擾奧地利融資的行為，羅斯柴爾德家族突然感到困惑不已。

早在1860年，奧地利政府就發出想要貸款2億古爾登①的貸款申請，那時的奧地利還是一個經濟大國，有很多銀行急於借錢給維也納。奧地利政府得知羅斯柴爾德家族為自己的對手義大利提供貸款業務的時候，非常不滿。

面對奧地利政府的冷漠態度，詹姆斯這樣說：「他們想像不到，這樣做實際上損害自己太多的信用，並且在很大程度上，危及計畫實施的可能性。」詹姆斯說：「公眾現在已經習慣由我們的銀行資助所有的奧地利人，形式可以多種多樣。如果這項計畫不是獨家委託給羅斯柴爾德家族，公眾有可能會猜測我們在撤資，並且對奧地利的金融形勢失去信心，最後造成很壞的影響。」

用威脅的口吻，詹姆斯和奧地利政府討價還價。1859年5月，奧地利被法國和薩丁尼亞擊垮，其失敗讓羅斯柴爾德家族的利益受到很大的損失。奧地利在被奪走的倫巴底地區的權力機構失去職能效力，羅斯柴爾德家族想要與新的政權薩丁尼亞王國建立關係，遭到奧地利政府的指責。對此，羅斯柴爾德家族回覆：「只是以前的業務的延續」，奧地利政府無言以對。

在19世紀60年代初，奧地利政府與羅斯柴爾德家族之間的距離越來越遠。

1859年，奧地利在義大利遭遇失敗，這是一個決定性的轉捩點，它再

---

1. 德國早在1325年就透過教宗獲得金幣鑄造權，但是真正開始鑄造金幣始於14世紀中葉的布拉格。在那裡，除了第一批貨幣Floren以外，後續鑄造的Floren被稱作金古爾登。隨著特里爾、科隆、美因茲主教區、法蘭克福、紐倫堡獲得金古爾登鑄造權，這些地區鑄造的萊茵金古爾登成為德國貨幣體系核心。奧地利、荷蘭、瑞士、西班牙、法國等國的金銀幣也與其建立兌換關係。

也不會是一個經濟大國，而且形勢每況愈下。詹姆斯越來越看淡奧地利政府，他曾經在1862年和1863年兩次拋出奧地利政府公債，這也可以理解成對奧地利政府的報復。

在這個階段，羅斯柴爾德家族也經歷從第二代到第三代的權力和責任的交接。這時的詹姆斯作為第二代羅斯柴爾德家族成員，是家族的中堅力量。第三代——薩洛蒙的兒子安瑟姆，在家族的影響力也與日俱增。

在奧地利的安瑟姆，不僅讓羅斯柴爾德家族保留奧地利的債券，甚至在1865年透過暗示，如果奧地利不能貸到1.5億，奧地利只能宣布破產，這將意味著更大的損失。

安瑟姆繼承父親對奧地利政府的忠誠，在這一點上，他與很多羅斯柴爾德家族成員產生分歧。阿方斯責怪安瑟姆，像他這樣具有豐富經驗的人，在奧地利處於經濟崩潰邊緣的時候，竟然還讓羅斯柴爾德家族保留奧地利債券。

1865年，詹姆斯不願意再讓奧地利政府貸款，但是他忽然意識到，按照合約，1868年家族要為自己在奧地利經營的倫巴底鐵路向奧地利政府交稅，如果可以爭取到免稅，將會推動倫巴底鐵路股票的上漲。詹姆斯的這個突發奇想，最終成為與奧地利政府再次合作的條件。在經歷一場馬拉松式的談判以後，雙方在合約上附加「羅斯柴爾德條款」，這個條款要求奧地利政府必須堅持和平的先決條件。

此外，詹姆斯還為奧地利政府的財政困境找到另一條出路，那就是：出售領土。「羅斯柴爾德條款」建議，奧地利政府可以將部分領土出售給義大利和普魯士，以避免戰爭可能帶來的風險。

羅斯柴爾德家族之所以與奧地利政府保持業務往來，是因為詹姆斯認為他可以找到讓奧地利政府擺脫困境的解決方案，出售領土的建議不僅扼

制潛在的戰爭危機，而且為奧地利舒緩財政危機。在這個方面，詹姆斯樂於看到羅斯柴爾德家族扮演經紀人的角色，他將會為雙方的業務確立適當的價格。

1865年10月7日，俾斯麥與詹姆斯開始幾個小時的秘密會議。在這次密談之前，俾斯麥與拿破崙三世在比亞希茲會晤，同意普魯士在德意志擁有至高無上的權力，這就是著名的比亞希茲會議。

這時的俾斯麥加大談判的力度，他告訴詹姆斯，如果借錢給奧地利，就會妨礙奧地利和平出售爭議中的土地，普魯士想要從奧地利那裡買下霍爾斯坦。詹姆斯獲知這個消息以後，連續幾日閉門不出，心中充滿憂慮。

10月18日，詹姆斯不顧俾斯麥的阻撓，決定貸款給奧地利。羅斯柴爾德家族開出的條件是要求奧地利政府免除倫巴底鐵路的稅收，並且暗示奧地利政府將霍爾斯坦和威尼西亞兩個公國出售。

但是，事情沒有按照羅斯柴爾德家族的預想進行下去，由於羅斯柴爾德家族開出的條件觸動奧地利的敏感神經，奧地利與地產信貸銀行進行談判。儘管地產信貸銀行沒有羅斯柴爾德家族那樣的巨大聲望，但是11月14日，奧地利政府還是與其達成交易。這時，詹姆斯意識到自己不僅與俾斯麥背道而馳，而且與奧地利的交易也落空了。

對於奧地利不出售土地的做法，奧地利皇帝法蘭茲・約瑟夫也不滿地評論：「『崇高』而『愚蠢』，在戰場上失去土地比起出售土地來說還要嚴重。」

奧地利政府與地產信貸銀行貸款交易的達成，也象徵羅斯柴爾德家族為奧地利政府設計的方案宣告失敗。同時，奧地利和普魯士之間的戰爭已經箭在弦上。

1866年，普奧戰爭爆發，奧地利人付出沉痛的代價，奧地利在戰場上

遭到普魯士致命的打擊。普奧戰爭加快俾斯麥統一德意志的步伐,俾斯麥趁機吞併支持奧地利的四個邦國,在1867年成立德意志聯邦。

雖然普魯士戰勝奧地利,但是在財政上也面臨巨大壓力,戰後普魯士的公共債務已經上升到13.02億塔勒。

普法戰爭

隨著普魯士日益強大，俾斯麥的野心更加膨脹。當時，歐洲第一大國——法國成為俾斯麥的眼中釘，普魯士與法國的關係日漸惡化。

1852年12月2日，拿破崙的侄子路易‧拿破崙‧波拿巴建立法蘭西第二帝國，他加冕為拿破崙三世。在他執政期間，法國對內建立龐大的軍事官僚國家機器進行專制統治，對外一直爭取英國的支持，他甚至找阿方斯向英國首相轉達希望獲得支持的意願。但是，英國最終沒有涉入法國和普魯士的糾葛中。不過，法國還有一個可以爭取的同盟——俄國。

1867年6月，俄國沙皇訪問巴黎。由於在克里特島起義的問題上不能達成共識，雙方沒有取得相互諒解。在法國與俄國的外交事務中，我們罕見地沒有發現羅斯柴爾德家族的身影，歸因於詹姆斯屢次想要在聖彼得堡建立新銀行計畫的失敗。詹姆斯曾經試圖大規模發行政府債券，為俄國新建的鐵路融資，但是這個想法遭到俄國的反對。羅斯柴爾德家族與俄國的生意一直進展不順，詹姆斯曾經將俄國看成一個「距離我們的活動範圍如此偏遠的區域」。

在法國與德國的對峙中，儘管法國沒有爭取到支持力量，卻依然在幕後操控南德諸邦，企圖阻擋德意志的統一。普奧戰爭結束以後，法國皇帝拿破崙三世要求俾斯麥把萊茵河西岸的巴伐利亞和黑森-達姆施塔特的部分領土合併於法國，作為對法國在普奧戰爭中保持中立的酬謝。俾斯麥斷然

拒絕，並且立即把拿破崙三世的這個意圖通知巴伐利亞國王及南德諸邦政府，引發他們的仇恨恐懼。利用南德諸邦的敵對心理，俾斯麥與他們秘密締結攻守同盟條約。在這種情勢下，只要打一場普法戰爭，就可以激發南德諸邦的民族感情，並且推動與北德聯邦的合併。

1870年7月初，霍亨索倫家族的一位親王被選為西班牙王位繼承人。霍亨索倫家族是德意志的主要統治家族，拿破崙三世以法國不能容忍東西兩翼均受到威脅為藉口，命令法國駐普魯士大使提出抗議。當時，威廉一世在埃姆斯溫泉療養院休養，他向法國大使表示，霍亨索倫家族可以考慮放棄西班牙王位繼承權。但是拿破崙三世仍然不罷休，又命令法國大使找威廉一世做出書面保證。威廉一世答應回到柏林再談判此事，同時發一份電報給俾斯麥。俾斯麥收到電報以後，刪改電報的一些內容，讓意思轉變成威廉一世拒絕與法國大使談判，並且在報紙上公開發表。拿破崙三世以受到侮辱為由對普魯士宣戰，這就是著名的「埃姆斯電報」事件，最終成為普法戰爭的導火線。

俾斯麥這個完美策劃，刺激德意志南北聯邦的民族情緒，將矛頭共同指向法國。

1870年7月19日，普法戰爭爆發。對於這場戰爭，羅斯柴爾德家族洞若觀火，因為雙方實力相差懸殊。當時，在巴黎的安瑟姆認為，普魯士人有更高效的軍事組織，而且在軍隊人數上也處於絕對優勢。但是對羅斯柴爾德法國分支來說，他們必須飽嘗這杯苦酒的滋味，正如阿方斯所說：「酒杯已經斟滿了。」

由於戰爭爆發，法國政府禁止所有黃金兌換業務，以防止貨幣流出。羅斯柴爾德家族巴黎銀行代表政府向比利時運送大約200萬法郎的白銀，被警察當成走私逃離法國而遭到扣留，普法戰爭把法國的金融活動攪得一團

糟。阿方斯礙於情面，甚至為了穩定市場，沒有辭去法蘭西銀行董事會的職位，否則「難免會被當成是戰爭期間開小差」。

如果說之前阿方斯對法國還抱有一些幻想，一位來自法國軍方的高級人物的做法讓他徹底失望。此人明確表示，要把他的一個裝滿債券的包裹送到羅斯柴爾德家族在倫敦的分行進行保管，在他看來，巴黎已經風雨飄搖。其實，這個要求向羅斯柴爾德家族傳遞一個明顯訊息：戰爭形勢不言自明。三天以後，羅斯柴爾德家族開始把債券轉移出去。果然，9月2日，拿破崙三世及其麾下軍隊在色當被普軍俘虜。

拿破崙三世投降不久以後，法國巴黎爆發革命，成立法蘭西第三共和國。但是普軍仍然長驅直入，包圍巴黎。1871年1月28日，巴黎失陷，兩國簽訂停戰協定，5月10日在法蘭克福簽署正式和約。這次戰爭使普魯士完成德意志的統一，結束法國在歐洲的霸權地位。普法戰爭改寫歐洲格局，是歐洲乃至世界近代史上一場有深遠影響的戰爭。

俾斯麥的軍隊浩浩蕩蕩地開進巴黎，羅斯柴爾德家族的法國莊園裡上演一場令人心痛的噩夢。這座莊園展現羅斯柴爾德家族的奢華與富足：美侖美奐的大理石浮雕，牲畜繁衍的牧場……普魯士的威廉一世參觀莊園的時候評論：「像我們這樣的人做不出這樣的傑作，只有羅斯柴爾德家族才可以達到這樣的水準。」為了不冒犯這個顯貴家族，威廉一世命令不得徵用這裡的地產、獵場和酒窖。更特別的是，威廉一世為自己在這裡享用的物資支付2000法郎，還留下75個士兵守衛莊園。

但是，俾斯麥帶著一種德國人對猶太人財富的嘲弄來到這座莊園的時候，打獵成癮的他忍不住在莊園裡偷獵。這個行為被羅斯柴爾德家族在歐洲上流社會當作笑柄向人們提起，俾斯麥聽聞以後，感到遭受極大的羞辱。

隨著法國戰爭賠款事宜繼續推進，羅斯柴爾德家族的行為會讓俾斯麥更加憤怒。

國際級恐嚇

羅斯柴爾德家族發展到第三代，已經進入一個全新的黃金時期。當時，英國首相班傑明·迪斯雷利說：「現在歐洲有六個強國，它們是英國、法國、俄國、奧地利、普魯士、羅斯柴爾德家族。」各個強國希望透過羅斯柴爾德家族的管道來轉述口信，家族成員為了商業利益，利用獨家資訊和政治信譽在各國之間進行遊說。

1870年9月1日，普法兩軍在色當進行大戰，這就是色當會戰。當日，普軍完成對法軍的合圍，並且以強大的火炮發起猛攻。下午，法軍試圖突圍，都以失敗告終。9月2日，拿破崙三世向普軍投降。在這場戰役中，法軍損失12.4萬人，普軍只損失9000多人，法國舉國譁然。

11月，法國的戰爭賠款問題被拿到雙方的談判桌上。法國梯也爾政府設想的是50億法郎，但是俾斯麥向法國提出極為苛刻的條件：五年之內，向普魯士支付60億金法郎的戰爭賠款！梯也爾聽聞，就像被狼狗猛咬一口，一下子跳了起來。

這個巨額賠款的要求，象徵一場金融大戰的開幕。普魯士的銀行家認為，他們政府的戰利品中應該包括對賠款的控制權；布萊希羅德被召到凡爾賽宮，為俾斯麥出謀劃策。最後，布萊希羅德設計出一種方案，用俾斯麥的話來說，透過這個方案，表面上看起來如此沉重的賠款，將會在所有人都沒有感覺到的時候支付完畢。

被俾斯麥的大胃口嚇壞的法國總理梯也爾極力建議，請詹姆斯的兒子阿方斯出面協調。俾斯麥與羅斯柴爾德家族交往已久，深知阿方斯會使他的巨額勒索化為泡影，於是千方百計加以阻撓。但是梯也爾頂住壓力，爭取到一天的緩衝時間，急電通知阿方斯趕往凡爾賽。阿方斯突破普魯士軍隊的封鎖以後，日夜兼程準時抵達，與普魯士的金融專家布萊希羅德進行緊張的談判。

　　談判一度陷入僵局，俾斯麥在談判過程中突然出現，臉色陰沉。阿方斯回憶道：「我感覺俾斯麥好像要生吞我。」最後，俾斯麥開始怒吼：「和平根本沒有可能。」他的潛台詞就是：如果不答應我們的要求，就會向法國發動更猛烈的攻擊。俾斯麥的私人金融家布萊希羅德也將他的言辭稱為「國際級」的恐嚇，即使布萊希羅德和俾斯麥是同一個立場。

　　事實上，俾斯麥想要讓阿方斯提供一個核心的金融解決方案，可以讓60億賠款落實。但是阿方斯認為，沒有必要組織一群銀行家來干預政治問題，他覺得幫助普魯士漫天要價是一種恥辱。過度的賠款不僅會讓戰敗國陷入緊張混亂的泥沼，而且會給歐洲經濟帶來一場災難。

　　暴跳如雷的俾斯麥把怒火全部發洩到阿方斯身上。阿方斯毫不讓步，堅持50億法郎是一個「可持續」的賠償數額。如果不接受羅斯柴爾德家族的條件，法國政府募集足夠的戰爭賠款將會面臨困難，普魯士大軍就要待在充滿敵意的法國境內，每日大軍的所有供應開銷都在迅速增加，普魯士國內和歐洲各國對俾斯麥的不滿也在快速累積。

　　就在法國和普魯士圍繞賠款的事宜爭論不休的時候，法國無產階級對梯也爾賣國的做法表達強烈的憤慨。1871年3月18日，巴黎人民起義，梯也爾政府逃往凡爾賽宮。

　　4月1日，在看過他的兄弟之後，阿方斯原本打算坐火車返回巴黎，但

是火車司機警告他，巴黎新建立的無產階級政權巴黎公社已經通知切斷與凡爾賽的交通，他乘坐的火車是通往巴黎的最後一班車。隨即，阿方斯下車，留在凡爾賽。事實證明，這是一個明智的決定，如果他回到市中心，很有可能會被當成人質處死。

如果被處死，金融家阿方斯的人生將會戛然而止，法國給德國（1871年1月18日，普魯士國王威廉一世加冕，德意志實現統一）的賠款也會面臨其他的變數。在尼爾・佛格森的那本《羅斯柴爾德家族》中，他將巴黎公社這個事件稱為「赤色份子的陰魂不散」。但是毋庸置疑，巴黎公社的建立，象徵人類歷史上第一個無產階級政權的誕生，在貨幣和資本主義的體制以外，一股革命的力量正在覺醒。

1871年5月，在阿方斯的協調下，加上英國的羅斯柴爾德家族成員向德國施加影響，俾斯麥接受法國賠款50億法郎的請求，雙方簽訂《法蘭克福條約》。條約規定，法國向德國賠款50億法郎，分三年付清。賠款付清以前，德軍留駐巴黎和法國北部諸省。

談判桌之外，此時的巴黎血流成河。與德國達成協議之後，梯也爾政府聯合俾斯麥對法國無產階級進行殘酷的鎮壓。

5月21日晚上，梯也爾的政府軍攻入城內，巴黎公社起義軍的後路被俾斯麥的軍隊切斷。法國報紙在報導這次屠殺的情景時寫道：「一條血渠從一個兵營注入塞納河，幾百公尺的河水被汙染，呈現一道狹長的血流。」屠殺延續一個多月，三萬多巴黎公社成員被有秩序地屠殺殆盡。

金融壓倒政治

　　這時的阿方斯正在為接下來的賠款如何進行而傷腦筋。賠款總額被確定以後，他需要全盤考慮怎樣既可以順利完成賠款，又不會擾亂金融市場的正常秩序，這是一個技術層面上的問題，同時也是政治性的問題。對於羅斯柴爾德家族來說，他們既是政府的金融顧問，也是政府的公民，如果像英國一樣，以增加稅種的方法來舒緩法國對德國的債務壓力，這些稅種會給羅斯柴爾德家族帶來重大影響。

　　在這場關於戰爭賠款的金融大戰中，總指揮阿方斯在一開始就立場鮮明。首先，他決定與英國聯合組建以羅斯柴爾德家族銀行為首的聯合集團，堅決不與德國銀行家合作，包括羅斯柴爾德家族的德國分支。其次，為了表示這是一次「老」銀行的聯合行動，阿方斯把作為新興勢力代表的股份制銀行排除在外。

　　儘管對手銀行都在試圖挑戰羅斯柴爾德家族銀行的地位，但是羅斯柴爾德家族無與倫比的歐洲關係已經使這個家族成為賠款問題的關鍵，梯也爾稱羅斯柴爾德家族為「我們的朋友」。

　　回顧這段時期的法國歷史，梯也爾與羅斯柴爾德家族的關係值得注意。由於對巴黎公社施行殘酷鎮壓，梯也爾被稱為「一個雙手沾滿鮮血的劊子手」，阿方斯總是感覺和他談話很困難，還會批評他在政治上的兩面派作風，甚至將他比喻為希臘神話中任意改變自己外型的海神——普羅透

斯。儘管如此，在法國錯綜複雜的局面中，梯也爾有力地抓住金融，阿方斯曾經對他說：「政治局勢必須非常明瞭，而且對於目前的情況而言，它必須完全從屬於金融問題。」

但是，梯也爾如果使金融壓倒政治，事實上也把自己推向一種尷尬的境地。

巴黎公社被鎮壓下去之後，梯也爾在8月擔任共和國總統。作為法蘭西第三共和國首任總統，梯也爾依靠資產階級的巨額借款，提前付清對德國的賠款，使德國軍隊於1873年3月撤離法國。

為了償付賠款給德國，法國發行兩次公債。50億法郎的賠款提前付清，但是國債增加，沉重的經濟負擔落到法國人民身上，激起法國國內的不滿情緒。這時，梯也爾對羅斯柴爾德家族的態度發生逆轉，甚至做出這樣的評論：「推翻我的是羅斯柴爾德家族。」

當時，法國的政治局面動盪不安，各派政治力量在共和與帝制的問題上爭鬥不休。三個保王派——正統派（波旁王朝的擁護者）、奧爾良派（奧爾良王朝的擁護者）、波拿巴派在國民議會中佔有多數，這些黨派都準備要恢復帝制。梯也爾自稱是「保王派」，也想要恢復帝制，但是害怕恢復帝制的舉動，可能會激起法國無產階級再次革命。

由於梯也爾在保皇黨人的心目中毫無威信，因此被迫在1873年5月24日辭職。梯也爾認為，阿方斯對大多數的代表具有某種影響力，但是阿方斯沒有為他保住職位。

1877年9月3日，在宣讀完一個剛寫成的「捍衛共和國」宣言的當天晚上，梯也爾因為腦溢血死於巴黎。

法國只用了三年時間就清償所有戰爭賠款，讓德國軍隊撤出法國。作為一個金融家，阿方斯奉獻一個金融行動上的傑作，但是法國的未來或許

是阿方斯無法預見到的。

　　由於賠款50億法郎，又有戰爭損失，法國總計資金損失200億法郎，導致法國對經濟發展的資本投入不足。而且，割讓鐵礦蘊藏豐富的亞爾薩斯和洛林使得其資源嚴重缺乏。再加上賠款付清以前，德國佔領法國六個北方省份，對法國國內市場造成一定影響。

　　普法戰爭的失敗，不僅使法國失去歐洲霸主的地位，而且極大地限制法國經濟的發展。同時，在美國、德國、英國，第二次工業革命的浪潮已經悄然形成。

第七章：帝國金融主義

1874～1914

買下蘇伊士運河

　　歐洲的貨幣體系一直是雙本位制（白銀和黃金），直到19世紀70年代中期，單一的金本位制開始通行。黃金和白銀是歐洲各國之間國際貿易的通用貨幣，地位很高，對歐洲的各個階層來說，佔有黃金和白銀實際上就是佔有一切。因此，人們熱衷於尋找金銀，但是歐洲大陸的金銀資源有限，他們就把注意力轉向世界的其他角落。

　　葡萄牙人的航海探險為歐洲開啟一個更廣闊的資源空間，正如恩格斯所說：「葡萄牙人在非洲海岸、印度、遠東地區搜尋黃金，黃金這兩個字變成驅使西班牙人遠渡大洋的符咒。」

　　隨著對黃金資源追逐與爭奪的深入，在歐洲，一場以殖民擴張為主的帝國主義經濟活動正在蔓延。

　　早在18世紀，英國和法國就覬覦富饒的東方，開始尋找可以抵達東方的便捷通道。當時，英國計畫修建一條從亞歷山卓到開羅的鐵路，法國推動修建連接地中海和紅海的蘇伊士運河，運河股份最初由埃及和法國共同擁有。英國人看到這條運河可以大大縮短通往印度的旅程，立即為沒有直接投資而追悔莫及。

　　克里米亞戰爭以後，土耳其和埃及負擔沉重的債務，債務連續二十年膨脹，中東已經陷入嚴重的債務危機。土耳其宰相在1875年10月宣布土耳其破產，表示埃及已經很難再借到錢。然而，埃及總督伊斯梅爾需要300

萬～400萬英鎊，以支付即將到期的債務。

這時，出售蘇伊士運河股權的問題被拿到談判桌上。對於1874年回到權力中心的英國首相班傑明・迪斯雷利來說，這是一次絕妙的機會。迪斯雷利清楚蘇伊士運河在未來戰略中的重要地位，但是收購股權的事情需要召集議會進行投票表決，這在短時間內是不可能的，然而沒有議會的同意，不可能從國庫中取出400萬英鎊。如果稍微遲疑，這些股權就會被法國人收購。這時，迪斯雷利想到羅斯柴爾德家族。

1854年6月，法國駐埃及大使雷賽布為蘇伊士運河的開掘向詹姆斯尋求支持，但是被詹姆斯婉言拒絕。不過，羅斯柴爾德家族與這條運河的關係沒有就此完結。

1875年，一個星期天的晚上，萊昂內爾在倫敦宅邸宴請英國首相迪斯雷利。迪斯雷利與羅斯柴爾德家族已經交往十幾年，兩家人之間非常熟悉。1846年，萊昂內爾幫助迪斯雷利在法國鐵路上進行投機活動，後來又幫助迪斯雷利處理他的債務糾紛（當時的金額超過5000英鎊）。他們之間的友情遠遠超越金錢的範圍，彼此欣賞對方的智慧和才華。在迪斯雷利作為小說家最高產的時期，羅斯柴爾德家族也提供最大限度的幫助。毫無疑問，他們之間建立的關係是非同尋常的。

席間，萊昂內爾收到一份來自法國羅斯柴爾德家族銀行的情報：埃及總督因為缺少資金，打算把他掌握的17.7萬股蘇伊士運河股票賣給法國政府，但是不滿意法國政府提出的報價，所以要賣給其他國家。

迪斯雷利和萊昂內爾立刻意識到這是一個千載難逢的機會。對於英國而言，從大西洋到它最大的海外殖民地——印度的最佳路徑，就是經過直布羅陀海峽、馬爾他到埃及，再從埃及到印度，這是一條被英國視為不容任何挑戰的「帝國生命線」。埃及蘇伊士運河處在通往印度的關鍵地區，

這個地區正好是帝國生命線上最薄弱的環節。

思忖良久，迪斯雷利問：「大概需要多少錢？」聽到巴黎方面發來的報價是400萬英鎊，迪斯雷利毫不猶豫地做出決定：「要不惜一切代價買下運河。」萊昂內爾沒有表態，他再次進行核實，證明情報的確準確無誤。

事不宜遲，想要搶在其他國家之前拿下運河，就要在確保高度機密的情況下，迅速敲定這筆生意。然而，英國議會正在休假，來不及重新召集開會，進行冗長的辯論。迪斯雷利首相也不願意找「老太太」般反應遲鈍的英格蘭銀行，而且他們一時也拿不出這麼多現金，即使可以拿出來，也不符合法律規定——在議會休假期間，英格蘭銀行沒有權利放貸給政府。找股份制銀行也來不及，利用公開市場募集更行不通，這樣動靜太大，容易走漏風聲。思來想去，迪斯雷利覺得只有羅斯柴爾德銀行是最佳選擇。

迪斯雷利立即召集內閣開會，討論是否向羅斯柴爾德借款。在內閣會議室門外，迪斯雷利的私人秘書隨時待命，等到會議做出決議，他立刻跳上已經在門口等候的馬車，將這個消息飛報給萊昂內爾。

聽到管家報告迪斯雷利的秘書來訪，萊昂內爾立刻猜中對方的來意。他一邊慢條斯理地用餐，一邊神情自若地問：「有什麼事情嗎？」

秘書一臉焦急：「首相急需400萬英鎊，請先生務必幫這個忙。」

萊昂內爾問：「首相用什麼做擔保？」

秘書回答：「英國政府。」

「好吧，請回去回覆首相，錢已經預備妥當。」萊昂內爾毫不猶豫地說。

迪斯雷利在寫給英國女王的信中這樣說：「女王陛下，我們已經辦妥此事，錢您留著用。只有一個家族有能力辦得到此事，那就是羅斯柴爾德家族。」

1875年，英國購買蘇伊士運河股權的交易完成，英國和法國一起控制蘇伊士運河。一段時間以來，人們經常會看到頭頂炎炎烈日指揮過往船隻的英國導航員，他們穿著整齊的齊膝短襪、短褲、潔淨的白色襯衫，頭戴船長帽。運河的大多數過境費收入都流進英國政府這個最大股東的口袋。

羅斯柴爾德家族為英國獲得蘇伊士運河的控制權產生至關重要的作用，從此時開始，英國對埃及和蘇伊士運河的控制延續三百多年。1882年，英國佔領埃及，完全控制蘇伊士運河。羅斯柴爾德家族這次的籌資行為，被很多人看成是英國對埃及採取軍事佔領和經濟控制的第一步。

此舉不僅使英國控制蘇伊士運河，也為羅斯柴爾德家族帶來巨大的政治、軍事、經濟利益，還使萊昂內爾在一夜之間成為舉國稱讚的英雄。可是說到底，對於身為猶太商人的他來說，如此慷慨解囊不是一時頭腦發熱，如果這筆投資沒有預期的高回報率，不要說是英國政府做擔保，就是拿女王來質押，他們也絕對不會這麼做。事實上，這筆交易為萊昂內爾帶來的是一筆毫無風險的「快錢」——三個月利息15萬英鎊，相當於年息15%，可以說是難得的好事。

更何況，羅斯柴爾德家族此舉是醉翁之意不在酒，賺錢不是目的，最主要的目的是可以透過這筆對蘇伊士運河的財政融資，從此踏上一個更高的台階，向英國內政外交的決策階層進一步靠攏。與此同時，羅斯柴爾德家族的金融資本也披上帝國主義的外衣。受益於英國對埃及的佔領，在1884年以後，羅斯柴爾德家族倫敦、巴黎、法蘭克福銀行聯合負責四次總額達到5000萬英鎊的埃及債券發行。

從放貸給英國政府，建立政府人脈，到推進跨國融資業務，羅斯柴爾德家族在運用人財資源方面，顯露出「趨利避害」的智慧。此後，羅斯柴爾德家族與英國政府建立的財務關係網絡越來越大，其影響力遍及歐洲，

乃至全世界。19世紀末，英國大力拓展海外勢力，就是依靠猶太富翁豐厚的金錢資助。英國自由黨上台以後，羅斯柴爾德家族與之建立密切聯繫，大力支持自由黨的「帝國主義」海外擴張政策。借助英國的殖民擴張，他們不僅獲得前所未有的巨大財富，更把他們的「金手指」順勢伸向全世界的金錢市場。

猶太人的反擊

　　1881年，沙皇亞歷山大二世遇刺身亡，凶手曾經在聖彼得堡一個俄國猶太女孩的住宅中參加聚會。於是，一場針對猶太人的屠殺在俄國各地展開，有22.5萬俄國猶太人不堪壓迫，逃亡到西歐。

　　猶太人拉比（意為猶太教神職人員）扎多克·汗曾經求助於羅斯柴爾德家族。1882年9月，扎多克·汗帶著亡命到法國的俄國拉比塞繆爾·莫西利佛去見負責羅斯柴爾德家族法國銀行的愛德蒙，這時的愛德蒙正在挖空心思阻擊來自聯合民眾銀行的威脅。

　　19世紀80年代，一股反猶太浪潮開始在法國興起。一個曾經在威特姆斯坦家族工作的人的說法，最可以證明這一點。此人名叫卡爾，儘管他在公司工作得比大多數猶太員工還要賣力，但還是被解雇了，他因此非常痛恨猶太人，並且認為猶太人應該為經濟危機的後果負責。這些言論獲得在1873年經濟崩潰以後苦苦掙扎的眾多德國人的心理共鳴。

　　在猶太人之中，地位顯赫、富可敵國的羅斯柴爾德家族很自然地被當作首要的攻擊目標。南森·梅耶的兒子沃爾特在打獵的時候，被幾個失業的工人從馬上拉下來，險些慘死在馬下。嚴重的還有兩次暗殺未遂事件。當時，一本著作《工人領袖》極力醜化羅斯柴爾德家族，稱他們：「一群吸血的人，他們是在這個世紀以來歐洲發生的數不勝數的麻煩和災難的源頭，而且主要是透過在那些從無過節的國家之間挑動戰爭，為自己累積大

量的財富。無論在歐洲的什麼地方出現麻煩，那裡立刻就會有戰爭的謠言四處流傳，人們的心理就會因為對劇變和災難的擔心而發狂。這個時候，可以肯定的是，一個長著鷹鉤鼻的羅斯柴爾德就會在距離騷亂不遠的某個地方操縱他的把戲。」

在這種情形下，羅斯柴爾德家族與法國本地金融家的競爭，在某種程度上是給這股反猶太浪潮火上澆油。1876年，法國國民議會中的右翼議員龐多在議會中煽風點火，聲稱以羅斯柴爾德家族為代表的猶太人是附在法國金融體系上的「吸血鬼」。1880年，龐多寫了一份招投書，號召由他主導成立一家商業銀行，將歐洲天主教徒的積蓄匯集起來，推翻羅斯柴爾德的金融主宰地位。龐多的計畫得到教宗利奧十三世的支持，他很快籌集到400萬法郎，成立反猶太色彩強烈的聯合民眾銀行。

聯合民眾銀行的股票在巴黎證券交易所上市沒有幾個月，價格從500法郎一路飆升至2000法郎。龐多認為時機到了，於是聯合幾家羅斯柴爾德的奧地利競爭對手，試圖向中歐擴張。但是龐多沒有想到，在爾虞我詐的法國金融市場上經歷千錘百鍊的羅斯柴爾德家族，已經識破他的計謀。在與龐多的較量中，羅斯柴爾德兄弟們沉著迎戰，憑藉財富和非凡的商業智慧，令對手算盤盡失，無可奈何。

聯合民眾銀行剛上市的時候，法國羅斯柴爾德幾個兄弟透過秘密代理人在低價位買進大量股票，然後連續兩年按兵不動。1882年1月5日至20日期間，詹姆斯最小的兒子愛德蒙指揮法國的羅斯柴爾德銀行利用手中持有的大量籌碼，在股市上猛烈打壓聯合民眾銀行的股價，只用了半個月的時間，就使聯合民眾銀行的股價從3000法郎跌至900法郎。

愛德蒙兄弟選取的反擊時機非常精準。聯合民眾銀行成立兩年以來，內部管理混亂，在生意方面過度投機，氣數將近。在內外夾擊下，聯合民

眾銀行很快就破產了。聯合民眾銀行的破產，使成千上萬信奉天主教的法國投資者一夜之間淪為貧民。雖然羅斯柴爾德銀行擊垮聯合民眾銀行，但是在愛德蒙的心中，似乎總有一片陰雲圍繞著這個猶太家族，揮之不去。

1882年9月，在法國見到愛德蒙的俄國猶太人塞繆爾・莫西利佛請求羅斯柴爾德家族的救助。莫西利佛是一個結巴，也不會說法語。為了解決溝通問題，莫西利佛別出心裁地要求用唱歌的方式訴說在俄國受到的許多非難。莫西利佛用古老的希伯來語吟唱的時候，愛德蒙感動地流下眼淚。莫西利佛進一步勸說愛德蒙，猶太人的先知摩西也是一個結巴，但是上帝選擇他帶領猶太人出埃及，希望愛德蒙聽從上帝的呼喚，幫助受到迫害的猶太人回歸自己的故鄉巴勒斯坦。

愛德蒙是法國羅斯柴爾德兄弟之中信仰最虔誠的一個，當下就答應下來。他對莫西利佛說，可以支持猶太人去巴勒斯坦定居，但是要先進行一次社會實驗。羅斯柴爾德家族願意為十二個經過選擇的俄國猶太人支付所有的費用，讓他們在巴勒斯坦的一所農業學校學習。如果這些猶太人可以學成農技，就出錢在巴勒斯坦買一塊地，讓他們建立農莊、定居下來。這是逃脫沙皇迫害的俄國猶太人在巴勒斯坦建立的第一個定居點，後來成為以色列國的第一塊領土。

前以色列總理西蒙・佩雷斯這樣評價羅斯柴爾德家族：「歷史上從未有一個家族像羅斯柴爾德家族這樣，為了鑄成歷史，做出如此慷慨的捐贈！」

邱吉爾父子

　　1885年，保守黨在英國議會選舉中獲勝，重新開始執政，年輕的藍道夫‧邱吉爾被任命為印度事務大臣。儘管在藍道夫‧邱吉爾以後的傳記中，他有意迴避與羅斯柴爾德家族之間的親密關係，但是毋庸置疑，藍道夫‧邱吉爾來到印度也預示羅斯柴爾德家族將要開拓在印度的事業。後來，藍道夫‧邱吉爾計畫為印度中部鐵路發行籌款債券的時候，他特別叮囑在印度的總督要讓羅斯柴爾德家族完成這筆業務，即使他那個時候已經不再負責印度事務。

　　1885年，英國決定採取佔領緬甸的軍事行動，有人認為這和藍道夫‧邱吉爾與羅斯柴爾德家族的親密關係不無關聯。在佔領緬甸以後的一個星期裡，英國政府即刻要求將緬甸所有的鐵路延長到邊境。羅斯柴爾德家族成功地發行巨額的緬甸寶石礦股票，股票很快被瘋搶一空。

　　有人評論：「藍道夫‧邱吉爾和羅斯柴爾德家族在英國外交大臣張伯倫的協助下，聯手領導大英帝國的業務。」

　　藍道夫‧邱吉爾在羅斯柴爾德家族的建議下，投資礦業股票，獲利豐厚。除此之外，藍道夫‧邱吉爾更願意向世人掩蓋一個事實：他向羅斯柴爾德家族的借債高達66902英鎊。但是這些，在藍道夫‧邱吉爾早期的傳記中找不到相關記述。

　　1886年12月，藍道夫‧邱吉爾由於政見無法得到支持，決定辭職。此

時，有人向藍道夫・邱吉爾詢問：「要不要把這個消息告訴羅斯柴爾德家族？」藍道夫・邱吉爾說：「不用了，我沒有領他們的薪水。」藍道夫・邱吉爾正在生南森・梅耶的氣，因為羅斯柴爾德家族在對待埃及的問題上和藍道夫・邱吉爾意見相左。

當時，藍道夫・邱吉爾認為這次辭職只是鬧一場情緒，但是藍道夫・邱吉爾的職位很快就有別人來代替，藍道夫・邱吉爾從此再也沒有出現在英國的政壇。

可是羅斯柴爾德家族仍然借錢給藍道夫・邱吉爾，而且從資料顯示，正是在這個時期，羅斯柴爾德家族給藍道夫・邱吉爾的借款迅速增加，藍道夫・邱吉爾所有的東西都找羅斯柴爾德家族要。在尼爾・佛格森撰寫的《羅斯柴爾德家族》中，認為羅斯柴爾德家族對藍道夫・邱吉爾的幫助完全是出於一種同情和友愛。

1895年，藍道夫・邱吉爾在鬱鬱寡歡中去世，終年46歲。四年以後，他的兒子溫斯頓・邱吉爾以《晨郵報》記者的身分前往南非，乘船駛過好望角，抵達開普敦，採訪第二次波耳戰爭。在跟隨英軍士兵行進途中，他被日後成為南非總理的史末資俘虜。1899年12月，溫斯頓・邱吉爾極為大膽地獨自一人越獄成功，逃到英國領事館，這個事件震動整個英國。1900年3月，溫斯頓・邱吉爾回到英國，並且進入政壇，一條通往權力頂峰的政治道路由此鋪開。

就像父親與南森・梅耶那樣交好，溫斯頓・邱吉爾與南森・梅耶的兒子沃爾特關係密切，經常去羅斯柴爾德家族府邸吃飯喝酒。沃爾特支持猶太人復國，他提出在巴勒斯坦建立猶太人最終的國家以色列，溫斯頓・邱吉爾全力支持。作為回報，羅斯柴爾德家族在英國政壇或明或暗地輔助溫斯頓・邱吉爾。

沃爾特的姪子維克多長大之後，溫斯頓・邱吉爾經常與之來往，並且對這個天才少年非常關注。維克多對銀行業務興趣濃厚，而且很有天賦，視角非常人能及。1939年，維克多向溫斯頓・邱吉爾遞交一份秘密報告，透過對德國銀行系統全盤透徹的分析，他最後得出的結論令人大吃一驚：以希特勒為首的納粹政府正在執行軍事擴張計畫。

　　邱吉爾的戰爭辦公室對這份計畫非常重視，對維克多也讚賞有加。1940年，維克多因此順利進入英國軍情五處，主要進行商業反間諜工作。後來，維克多被稱為「劍橋五傑之首」，是世界間諜史上的傳奇人物。

併購暗戰

　　在這場以掠奪和佔領為目的的帝國主義擴張中，出現一種商業帝國，可以穿越國界，帶著商業目的攫取土地和掠奪資源。

　　位於外高加索山脈東南部的亞塞拜然，蘊藏著豐富的石油資源。隨著19世紀80年代外高加索鐵路的建成，幾乎一夜之間，巴統就成為世界上最重要的石油港之一，外高加索鐵路打開俄國石油銷往西歐的大門。1886年，羅斯柴爾德家族成立的裡海-黑海石油公司在巴統建立儲油和銷售設施。隨即，來自瑞典的諾貝爾兄弟也開始仿效，同時帶動這裡的石油投機熱潮。

　　巴庫油田成為世界上產量最高的油田，這裡沒有樹木，沒有草地，滿街煙塵滾滾，城外到處是大小各異的煉油廠，每天這裡都有無數被開採出的原油被運往世界各地。

　　20世紀初的巴庫，形成標準石油公司、羅斯柴爾德家族、諾貝爾公司和其他俄國產油商的競爭局面。但是長時間的競爭讓各方認識到一個道理：石油資源開採得過多，表示價格的下跌。對此，洛克菲勒曾經抱怨：「競爭就是罪。」

　　因此，在巴庫形成一種態勢：石油公司時而為搶奪歐洲和亞洲市場而互相競爭，時而又會互相討好，針對劃分世界市場做出安排。有時候，為了合併和收購，彼此又會試探摸底。

1910年，羅斯柴爾德家族與美國標準石油公司、諾貝爾公司、英荷殼牌集團達成瓜分歐洲市場的協議，相互劃分市場比例，並且定下每年的產量，以保持石油價格的持續上漲。1911年，羅斯柴爾德家族甚至把亞塞拜然的油田賣給英荷殼牌公司。

　　就在這筆交易達成之時，俄國的社會主義運動正在蔓延。1920年，列寧認為蘇維埃政權無法離開巴庫的石油而生存，蘇俄支持亞塞拜然的布爾什維克勢力，並且於4月派紅軍進入巴庫解散當地議會，成立亞塞拜然蘇維埃社會主義共和國。對於一直擁護民族自決原則的列寧來說，這次行動為他招來巨大的爭議。

　　19世紀末，將羅斯柴爾德家族稱為「礦產帝國」有兩個方面的含義。一方面，羅斯柴爾德家族擁有眾多的礦產資源；另一方面，這些礦產的經營遠離政治的控制，如果取得某個礦山的特許權利，礦產公司就可以享受一種近乎自治的狀態。

　　1885年，在開往倫敦的一艘汽船上，躊躇滿志的塞西爾・羅茲與礦業工程師加德納・威廉斯相遇。

　　羅茲是南非礦產主人，生於英國哈特福郡一個鄉村牧師家庭。1870年，他的一個兄弟赫伯特寫信叫他到非洲南部的開普殖民地治病。於是，羅茲來到非洲南部。他首先到達納塔爾省，在赫伯特經營的棉花種植園工作。19世紀60年代以後，由於在非洲的瓦爾河和橘河匯流處發現鑽石，西方國家對南非的殖民掠奪和資本輸出更猛烈，各國冒險家和投機商蜂擁而至。第二年，羅茲離開棉花種植園，來到當時著名的鑽石礦業中心——金伯利。他和赫伯特到達金伯利以後，最初一貧如洗，只能一邊開採礦石，一邊靠賣冰淇淋為生。

　　由於那裡的金礦和鑽石礦屬於深層礦，必須有大型設備和大規模爆

破才可以採得，一般小公司或是個人淘金者無力開採。1873年，羅茲與另一個冒險家查爾斯‧路德合夥，開始收購破產企業，招收小礦主入股，迅速擴大經營範圍和數量，壟斷最大的「蘭特」金礦的生產。今天南非貨幣「蘭特」，就是來自這個礦名。

但是在蘭特以外的地區，由於全世界為數眾多的公司過度開採和生產鑽石，造成產量過剩，使鑽石的利潤開始下滑。尼爾‧佛格森在《帝國》一書裡，將羅茲稱為「極富遠見的商業天才」。與威廉斯相遇的時候，羅茲正在醞釀一個巨大的計畫。

威廉斯是羅斯柴爾德家族礦業公司新雇用的一個員工，負責非洲南部的礦業研究。這次的相遇，成為改變全球鑽石產業格局的一次偶然碰撞。在即將上演的這場併購大戰中，不能忽視的是羅斯柴爾德家族的出場。

羅茲將威廉斯看成是敲開金融家大門的引路人，不久之後，羅茲就出現在南森‧梅耶位於倫敦的辦公室裡。在這場金融資本與商業公司的對話中，南森‧梅耶握有更大的話語權。獲得金融家南森‧梅耶的支持以後，羅茲隨即展開瘋狂的收購，開始對包括金伯利在內的幾家礦產公司的收購。在這個過程中，最難攻克的中部公司，也在1889年1月完成併購。

1888年，羅茲成立新的戴比爾斯聯合公司。在這場曠日持久的收購戰中，南森‧梅耶的主要作用就是幫助羅茲在股權收購中籌集資金。羅斯柴爾德家族在這次與羅茲的合作中收穫頗豐，不僅獲得豐厚的佣金，而且獲得新公司的5754股份，成為最大股東（羅茲只擁有4000股）。

事實上，我們現在熟知的全球最大的鑽石公司戴比爾斯，正式官方可查的歷史正是從1888年開始。現在，全球60%的鑽石材料都是來自於戴比爾斯。

在戴比爾斯聯合公司成立的時候，塞西爾‧羅茲在演講中說出這樣的

觀點：「我們應該永遠記住，南非問題的實質在於把殖民地擴大到尚比西河。」在南非，尚比西河和林波波河的河間地區，蘊藏著豐富的金礦，此地對於羅茲來說，具有重要的戰略意義。如果佔領河間地區，就可以打通從開普敦到開羅的內陸通道。

事實上，羅茲的擴張計畫正要開始，伴隨著對礦產資源的壟斷，一段大英帝國殖民地征戰史正在開啟。

礦產爭奪引發波耳戰爭

　　1888年1月，塞西爾・羅茲寫了一封長信給南森・梅耶，尋求南森・梅耶的支持。在信中，羅茲將河間地區比作「永遠不會枯竭的黃金礦區」。

　　羅茲極力地想要得到羅斯柴爾德家族的支持，與他們的金錢比起來，羅茲更看中的是羅斯柴爾德家族的政治影響力。羅茲面臨的阻力主要來自於英國國內的競爭公司，同時他還擔心，政府將要撤換現在的英國駐開羅的代表。羅茲已經感受到，政策哪怕出現極小的變化，都有可能帶來商業上的巨大損失。

　　在這封信中，羅茲憧憬「一個插著英國國旗的南非」。1888年6月，羅茲——這位狂熱的殖民主義的擁護者和實踐者，甚至修改遺囑，把除了戴比爾斯公司股票以外的所有財產都留給南森・梅耶。羅茲為什麼要給世界上最富有的人留下這筆財富？因為羅茲希望南森・梅耶幫助他實現「一個為帝國利益而選擇的社會」。

　　1893年，這位「極富遠見的商業天才」招募冒險份子，組成叫做「拓荒隊」的武裝隊伍，把他們派到河間地區，這七百人完成征服南非土著馬塔貝萊族一役。在這次戰役中，來自美國的新式武器——馬克沁機槍產生關鍵性的作用。

　　羅茲發動的這場戰爭並未花費大英帝國一個先令，而是由戴比爾斯聯

合公司支持，這家公司最大的股東就是羅斯柴爾德家族，羅茲征服馬塔貝萊族一戰，完全是一場服從於私人商業利益的武力征服。羅茲以低廉的價格從後者手中獲得一塊富含金礦的土地。

早在1890年開普殖民地的議會選舉中，羅茲就獲得勝利。隨即，羅茲組成內閣，擔任開普殖民地的總理。到了1895年，河間地區和尚比西河以北地區都是用羅茲的名字被命名為「羅德西亞」（今尚比亞、辛巴威、尼亞薩蘭），羅茲的擴張達到頂峰。羅茲的擴張欲望不斷膨脹，越戰越勇，把下一個目標鎖定在川斯瓦共和國。

川斯瓦共和國是由波耳人建立的，波耳人主要是最早來到南非殖民地的荷蘭人後裔。在英國擴張的壓力下，波耳人只能大規模向北、向東殖民「遷徙」，並且在19世紀30—40年代，建立川斯瓦共和國和奧蘭治自由邦。1867年和1884年，南非先後發現鑽石礦和金礦，英國壟斷資本迅速在此地取得驚人的利潤。鑽石礦和金礦的巨大誘惑力，讓英國人和波耳人之間的鬥爭日益尖銳，而且越演越烈。

羅茲在吞併河間地區之後，把川斯瓦作為覬覦的對象，顛覆川斯瓦共和國總統克魯格的政府，成為戴比爾斯聯合公司的重要戰略目標。川斯瓦共和國北部是羅德西亞，南部是開普殖民地，波耳人的彈丸小國已經陷入英國殖民地的「包圍圈」中。1895年12月，羅茲安排詹姆森帶領公司的軍隊從羅德西亞開進川斯瓦，可是軍隊還沒有展開武裝行動，就被波耳人解除武裝，成為俘虜，這就是著名的「詹姆森襲擊事件」。這個「醜聞」，在開普殖民地和西歐引起強烈反應。1896年，羅茲辭去開普殖民地總理的職務。

克魯格政府和英國政府頓時陷入僵持。詹姆森的突襲同樣震驚羅斯柴爾德家族，他們對這個計畫一無所知。羅茲與羅斯柴爾德家族也在處理

與葡萄牙政府的關係上產生分歧，作為一個狂熱的殖民主義者，羅茲對南森‧梅耶支持葡萄牙政府撤出德拉戈灣（馬普托灣）深感失望。

為了緩和局勢，南森‧梅耶敦促克魯格來倫敦，他向克魯格保證，只要他來倫敦，就可以實現共和國的獨立，克魯格如果像南森‧梅耶希望的那樣去做，英國政府對克魯格政府的敵對反應也會減退，但是克魯格沒有答應。

克魯格政府明確表示不會妥協的時候，羅斯柴爾德家族為了和平，進行最後一次努力。在沒有得到殖民地大臣張伯倫和首相索爾斯伯利的授權下，南森‧梅耶致信川斯瓦，闡明英國政府的條件，如果可以無條件得到五年的經營特權，大英帝國政府期待和平。在信中，南森‧梅耶以羅斯柴爾德公司的名義，擔保大英帝國不想干預川斯瓦的統一。

這封信開出的條件，應該是羅斯柴爾德家族竭盡全力所能承諾的最優條件，但是不僅波耳人沒有答應，這個行為也招來首相索爾斯伯利的厭煩，他要求羅斯柴爾德家族停止與克魯格政府的這種非官方交涉。

南森‧梅耶的初衷在於，只要經過五年的時間，川斯瓦就會自然地變成另一個英國。但是事實證明，作為金融家的南森‧梅耶只是一廂情願。1879年，英國政府已經認識到，與南非之間的衝突必須透過戰爭來解決。早在1880年12月16日至1881年3月6日，英國與波耳人之間曾經爆發一次小規模的戰爭。這一次，更大規模的波耳戰爭到來了，這場戰爭也成為帝國主義全面到來的一個象徵。

1899年10月9日，川斯瓦共和國向英國發出最後通牒，要求英國盡快撤離集結在川斯瓦邊界附近的軍隊。英國政府拒絕這個要求，第二次波耳戰爭終於爆發。沒想到，這是一場耗時良久的戰爭。

在為波耳戰爭籌款的過程中，南森‧梅耶提出的融資方案遭到否決，

南森‧梅耶無法插手，來自美國的J.P.摩根成為英國籌款的主要合作對象，讓南森‧梅耶非常憤怒。英國政府從大洋彼岸借來鉅款發動戰爭，實際上是向市場傳遞一個訊息，尼爾‧佛格森在《羅斯柴爾德家族》中評論：「這是金融中心跨越大西洋轉移的一個訊號。」

在為波耳戰爭籌款的這件事情上，J.P.摩根給羅斯柴爾德家族一記重拳。對波耳戰爭金融支持能力的下降，預示羅斯柴爾德家族金融主導力量的終結。

在1900年1月的新年前夜，聽到「羅斯柴爾德銀行永遠繁榮昌盛」的字句之時，南森‧梅耶滿含熱淚。

偉大的19世紀已經悄然而去。

帝國主義的外交

在1895年的詹姆森襲擊事件中，德國皇帝威廉二世曾經向川斯瓦總統保羅·克魯格拍發一封著名的電報，表示祝賀。這封賀電將英國置於何種境地？

這份電報惡化英德關係，同時使英國下定決心以武力解決與川斯瓦的爭端。1888─1893年，柏林出現許多人事變動，並且因此把德國的對外政策帶入混亂。1888年，威廉二世繼承皇位。那時，威廉二世29歲，天生左手殘廢，為了彌補生理缺陷，他曾經苦練騎術，並且以右手操縱馬匹。

威廉二世喜怒無常而好戰的惡名已經傳開了，如果俾斯麥可以留下來，還可以對其有所牽制，但是最壞的事情發生了。

1890年對於德國來說是一個分水嶺。這年3月，德國皇帝威廉二世命令俾斯麥辭去宰相職務，宣告俾斯麥外交體系的終結。對於歐洲來說，表示一個時代的結束。

威廉二世沒有當上皇帝以前，曾經很仰慕俾斯麥，但是他掌權以後，立刻與這位鐵血宰相發生衝突。俾斯麥在普法戰爭以後，好戰的心理開始減退，取而代之的是維護歐洲相對穩定的局面的願望。此時，俾斯麥外交體系以「大陸政策」和「均勢外交」為基點，明確統一以後德國的主要活動舞台不是海外，而是歐洲大陸，打壓強勢，意在實現歐洲各國的相互制約。根據這張極其錯綜複雜的外交網，1873年，俾斯麥促成俄、奧、德締

結「三皇同盟」。1879年，德奧締結軍事同盟。在1878年的柏林會議上，俾斯麥實際支持英國，阻止俄國取得黑海制海權。19世紀80年代末，「大陸政策」失敗，德國帝國主義興起，德俄衝突、德英衝突加深，這也是俾斯麥被迫辭職的原因。

在此之後，「大陸政策」讓位於威廉二世的「世界政策」。野心勃勃的威廉二世的「世界政策」，就是盡可能地獲取「陽光下的地盤」，即爭奪殖民地、重新瓜分世界。

1898年底，英國和德國之間因為薩摩亞歸屬問題產生分歧，威廉二世下令，如果英國違背德國意願，立刻與之斷交。

薩摩亞位於太平洋南部玻里尼西亞群島的中心，1722年荷蘭人首先發現這裡。19世紀中葉，英、美、德相繼入侵薩摩亞，這三個國家因為薩摩亞的歸屬問題產生分歧。

當時，德國駐英國大使沒有立刻將威廉二世強硬的態度透過官方管道散播出去，而是讓羅斯柴爾德家族告知英國政府，因為德國大使擔心，如果正式通知英國政府這個消息，將會給兩國關係造成無法彌補的後果。英國政府被羅斯柴爾德家族告知德國的堅決態度以後，英國接受德國的建議。羅斯柴爾德家族這種非官方的管道，發揮有力的作用。1899年，三國簽訂條約，承認西薩摩亞為德國殖民地。

在19世紀開始的這場對外擴張中，歐洲各國由於在殖民地的佔有問題上衝突逐漸升級，羅斯柴爾德家族最優先考慮的是各國的外交政策，而不是國內政策。

1900年1月，德國的一艘汽船在南非被英國的船隻攔截並且搜查，羅斯柴爾德家族聽到這個消息以後非常緊張，擔心歐洲將可能會面臨巨大的動盪。

但是在此前，西方國家在1899年就發起同情和聲援川斯瓦共和國的運動。荷蘭和比利時組建眾多的民間團體募集捐款、發表文章、建立基金會，向川斯瓦捐贈戰時流動醫院和醫療設備。來自荷、比、德、法、美、俄、愛爾蘭、義大利以及斯堪地那維亞國家的上千個志願者遠渡重洋來到川斯瓦，準備與波耳人並肩作戰，英國政府面臨巨大的國際社會輿論壓力。那段時期，英國對德國的關係非常敏感，因為德國作為歐洲大國，對其他國家的影響力不可小覷，英國政府不想與德國政府因為這個插曲而走向分裂。同時，在英國國內，《時代週刊》發表措辭激烈的反德言論，激起英國民眾對德國政府的敵對情緒。此時，英國政府處於兩難的境地，既不想與德國關係惡化，又不想讓英國民眾對政府失望。艾爾弗雷德向德國大使解釋，《時代週刊》的言論不代表英國政府的態度，並且保證向主編施壓。

　　波耳戰爭促使英國政府極力修復與德國的關係。在這個過程中，羅斯柴爾德家族功不可沒。

中國清政府的貴賓

　　羅斯柴爾德家族與中國的淵源可以追溯到東印度公司時期。在19世紀30—40年代，東印度公司為中國帶來鴉片，中國的茶葉又被東印度公司販賣到西方國家，隨著英國議會意外終結東印度公司在對華貿易中的壟斷特權，羅斯柴爾德家族找來兩個蘇格蘭代理商，成立「怡和洋行」，同樣做著鴉片和茶葉的生意。

　　1839年，林則徐虎門銷煙，觸動英國人的神經，英國政府以此為藉口發動鴉片戰爭。被英軍打敗的清政府開放上海，雨後春筍般新建的各類洋行中，一家叫「公平」的洋行正是羅斯柴爾德的新代理商。像太平天國起義等時政資料，每個月準時出現在羅斯柴爾德家族法蘭克福家庭會議的案頭。

　　1894年，爆發中日甲午戰爭，清政府戰敗，與日本簽訂不平等的《馬關條約》。《馬關條約》包括中國割讓台灣島及其附屬各島嶼、澎湖列島、遼東半島給日本，向日本支付2億兩白銀的戰爭賠款等內容，《馬關條約》大大加深中國半殖民地化的程度。

　　但是直到此時，羅斯柴爾德家族還沒有直接參與中國的金融事務。中日甲午戰爭產生的賠款讓羅斯柴爾德家族看到機會，阿方斯聯合十二家歐洲主要銀行共同組成德華銀行，計畫為中國政府承擔戰爭賠款的融資。羅斯柴爾德家族的這個計畫意在促進德國和英國的合作，而且可以遏制俄國

勢力在中國的發展，但是事情進行得不順利。

早在19世紀中期，俄國趁第二次鴉片戰爭的機會，強迫清政府簽訂不平等條約，強佔中國黑龍江以北、烏蘇里江以東的大片領土。但是，俄國的胃口沒有就此滿足，將下一個目標圈定在中國的東北三省，試圖將中國的東北三省變成它的「黃色俄羅斯」。在中日甲午戰爭賠款事宜上，清政府最終放棄羅斯柴爾德家族的提議，選擇1500萬英鎊的俄國貸款支付給日本。

在1898年中國政府第二輪的融資中，羅斯柴爾德家族的計畫終於得到推行。在南森·梅耶的主導下，德華銀行藉此東風而起，和匯豐銀行均分1600萬英鎊的貸款，共同為清政府的外債提供融資。

1896年，時任大學士、北洋通商大臣的李鴻章進行一次大半年之久的環球訪問。他見到自由女神像和艾菲爾鐵塔，見到俾斯麥和英國的維多利亞女王，而且李鴻章還拜會羅斯柴爾德家族當時的掌門人、老梅耶的孫子阿道夫·卡爾·馮·羅斯柴爾德。當時，李鴻章為阿道夫準備這樣的見面禮——一幅自己的簽名照，這幅照片至今掛在羅斯柴爾德家族公司駐北京、上海代表處的門廳裡。

在李鴻章拜會阿道夫之後，1897年，羅斯柴爾德家族在北京成立「福公司」，這家福公司請來一個華人擔任經理，這個人叫做劉鶚——《老殘遊記》的作者。不過，人們更相信劉鶚只是「跑龍套」，當時的直隸總督李鴻章經常往來於朝廷和福公司之間。

隔年，李鴻章寫了一封密信給老南森的孫子、羅斯柴爾德英國分支家主南森·梅耶，信中李鴻章告訴南森·梅耶，清政府和地方政府已經同意福公司開採山西、河南乃至陝西的煤礦，以及修築相應的鐵路線。李鴻章的另一封信刊登在一個叫做《旗幟報》的報紙上，這封信為蠢蠢欲動的英

國人提供巨大的想像空間。

就像信中所言：「福公司得到我個人全力支援，這種支援或許對公司在華的成功是必要的。」1899年，李鴻章透過匯豐銀行匯款4203英鎊（約為4萬兩白銀）購買股份，成為福公司的股東。

羅斯柴爾德家族和福公司不僅可以在清政府禁止外資染指礦業的時候，變相取得多處煤礦的開採權，還可以歷經中國多次革命和戰爭，包括義和團那樣的疾風暴雨的滌蕩，依然屹立不倒，甚至事後還可以獲得更優厚的「超國民待遇」。

羅斯柴爾德家族與清政府的微妙關係，有時候也讓羅斯柴爾德家族在中國事務中的角色變得重要。

1904年2月，日本為了爭奪旅順與俄國發生戰爭。旅順港口群山環抱，東為黃金山，西為老虎尾半島，地勢險要，俄國在1898年佔據這個不凍港。1898年，沙皇政府在第二次鴉片戰爭期間，向中國租借旅順，作為俄國太平洋艦隊主力的基地。經過明治維新走上資本主義道路的日本，處心積慮地向外擴張，在佔領台灣以後，準備進一步把自己的勢力滲入到遼東半島和東北三省。

1904年3月，日俄雙方積極備戰，略有衝突。此時，英國和德國為中國鐵路的特權問題而爭得不相上下。這種情況下，艾爾弗雷德舉行一次晚宴，被邀請的人包括英國殖民地大臣張伯倫、首相貝爾福。晚宴上，德國獲得一次機會，訴說在中國遭受的許多「不平等」，這次會談發生在英國議會否決張伯倫同意與德國進行和解的議案之後。透過這次宴會，德國獲得一些同情。

隨後，在9月初倫敦舉行的一次銀行家和政治家的大會上，大家同意分配鐵路特許權的方案，把中國劃分為不同的勢力範圍，長江流域給英

國，山東給德國。到了1903年，柏林和倫敦的問題已經得到「友好」的解決。

這段時期，艾爾弗雷德成為英國與德國之間外交聯絡的安全管道，英國與德國的聯盟也在中國被賦予新的內容。1905年，《時報》駐北京的記者指責英國和德國的銀行狼狽為奸、瓜分在華利益的時候，南森·梅耶對這個記者進行投訴。

羅斯柴爾德家族從中國帶走利潤，也於1909年在中國創辦一所學校——焦作路礦學堂，這就是今日中國礦業大學與河南理工大學的前身。

中間協調人

英國和德國分享在華利益，但是在這種相安無事甚至親密的合作中，也隱藏著一些不安。

首先，德國政府對於和英國結盟的決定非常不認同，因為這樣讓人感覺德國所有的努力都是為了英國的利益而戰。其次，德國由於第二次工業革命，經濟得到發展，在威廉二世的主導下，開始瘋狂的海上軍事裝備競賽，逐漸威脅到英國的海上霸權，英德對抗加劇。

同時，羅斯柴爾德家族看到，德國正在走向衰落。德國是一個分權的聯邦體系，這種決策機制導致其無法透過增加稅收來增加軍備開支，德國政府只能舉債來繼續這場昂貴的軍事裝備競賽，讓德國政府在資本市場上失去活力，最明顯的表現就是德國融資的成本很高，因此付給債券人的利息只能一直增加。

1906年，南森・梅耶說：「德國政府非常缺錢。」對於羅斯柴爾德家族來說，德國不再具有吸引力。在新的形勢下，英國政府開始考慮調整與法國、俄國的關係。但是，羅斯柴爾德家族不認同英國與俄國走得太近。

俄國曾經幾次向羅斯柴爾德家族尋求貸款，但是羅斯柴爾德家族對於俄國政府沒有任何同情。因為，南森・梅耶在倫敦聽到的是俄國政府對猶太人殘酷的迫害。

等待借款的俄國對羅斯柴爾德家族表示極大的熱情，甚至承諾如果羅

斯柴爾德家族願意為俄國提供貸款，俄國對猶太人的迫害將會停止。但是
南森·梅耶認為不能輕易地上俄國人的當，因為他曾經為俄國提供一次貸
款，但是俄國沒有兌現之前的承諾。南森·梅耶一直對報紙上宣揚的英俄
友善充耳不聞，認為只是一些華麗的空話。

　　1906年6月，南森·梅耶在倫敦聽說俄國發生對猶太人的屠殺。他拜
訪英國的外交大臣，詢問他是否應該採取國際行動。

　　南森·梅耶出現在外交大臣的面前，南森·梅耶的憤慨沒有得到英國
外交大臣的同情。他向南森·梅耶表示，對現在的英國來說，德國的野心
最應該謹慎對待。在這種情況下，英國加強與俄國、法國的外交聯繫具有
更重要的意義。

　　1906年，英國政府親法的傾向越來越明顯，與此同時，金融在英法外
交中產生至關重要的作用。羅斯柴爾德家族扮演英格蘭銀行和法蘭西銀行
的非官方合作者的角色，對第一次世界大戰之前金本位制度的穩定產生重
要的作用。

　　英國的黃金儲備發生短缺的時候，南森·梅耶從法蘭西銀行安排60
萬英鎊的短期借款給英國。透過這種做法，南森·梅耶向雙方傳遞一個訊
息：無論在海峽對岸的哪一方出現緊急情況，另一方都會施以援手。羅斯
柴爾德家族的跨海峽運作能力對於平衡兩國的金融儲備產生關鍵作用。

　　1907年下半年，美國發生錢荒，並且向全世界蔓延。英國政府要求法
蘭西銀行提供黃金的時候，南森·梅耶的第一反應是──你竟然把我們當
成這樣的傻瓜，認為法蘭西銀行可以挺身而出，阻止因為美國過分投資而
引發的大蕭條。但是美國的危機全面爆發，南森·梅耶於11月通報：英國
只能提高利率以應對目前的貨幣緊張。他認識到事件的緊迫性，給遠在法
國的兄弟發去電報：請求你們竭盡全力。這封電報為英格蘭銀行換來300萬

英鎊的支援，其中羅斯柴爾德家族提供40萬英鎊。

　　處於金融風暴中心的美國金融家J.P.摩根向法蘭西銀行請求援助的時候，卻遭到後者的拒絕。在法蘭西銀行看來，羅斯柴爾德家族一定會針對英國基於市場變化做出的貨幣政策調整預先向法國政府發出預警。

　　此外，法國人願意與羅斯柴爾德英國銀行合作還有一個理由——他們對於德國的厭惡之情越來越強烈。普法戰爭勝利以後，普魯士在法國巴黎宣布德意志成立，嚴重傷害法國人的感情。同時，德國在1879年與奧匈帝國結盟，也是為了打擊和孤立法國。威廉二世一意孤行推行的殖民主義政策，讓德國外交走向孤立。

　　1907年，英、法、俄三國簽訂互相諒解和互相支援的協定，這就是一戰以前的「三國協約」。這種聯盟的形成，或許是羅斯柴爾德家族不願意看到的。羅斯柴爾德家族曾經小心翼翼地維護英德友好，三國協約的形成象徵帝國主義勢力格局已經形成，戰爭一觸即發。

　　1914年6月28日，奧匈帝國王儲在塞拉耶佛被塞爾維亞愛國者刺死，一場席捲全球的戰爭風暴正在襲來，這是一場為了重新分割殖民地而爆發的自殺式毀滅。

　　1914年7月，英國《泰晤士報》這樣談到羅斯柴爾德家族成員：「一個骯髒的德國猶太人國際金融家，妄想恐嚇我們保持中立。」正如《泰晤士報》指出的，羅斯柴爾德家族無法阻擋歷史的洪流。

第八章：在戰爭中衰落

1915～1945

猶太復國計畫

第一次世界大戰實際上是一場爭奪世界霸主的戰爭，這場戰爭讓英國盡力拉攏可以結盟的力量。這時，魏茲曼的出現顯得再恰當不過，魏茲曼手中幾經易稿的猶太復國計畫讓大英帝國的目光投向歐亞大陸的內部——中東。

1915年7月，羅斯柴爾德家族與一位名叫魏茲曼的化學家相遇，這次相遇成為具有歷史意義的一次會面。1897年，魏茲曼加入由世界著名猶太復國主義運動領導人赫茲爾領導的猶太復國主義組織。1904年，赫茲爾逝世以後，魏茲曼成為世界猶太復國主義運動的領導人，也預示猶太復國主義運動進入一個新的時期。

魏茲曼擅長以溫和、耐心的溝通進行工作，從來不將自己的主張強加於人，魏茲曼與羅斯柴爾德家族的愛德蒙一見如故。愛德蒙決定在巴勒斯坦建立一所希伯來大學，這是羅斯柴爾德家族在政治上支持復國運動的一個訊號。

愛德蒙一直支持猶太復國運動。19世紀末，猶太人一些新定居點得到大量慈善資金支持，大多數是在愛德蒙男爵的直接管理控制之下，愛德蒙先後支付600萬英鎊。為了使定居點的經濟多樣化，不依賴受到自然條件約束過大的農業，他還為猶太移民建立工業，包括香料廠、玻璃瓶廠、釀酒廠。為了方便管理，愛德蒙在巴勒斯坦建立自己的辦事機構，從歐洲專門

雇用農業專家指導定居者種植附加價值更高的農作物，其中包括釀酒專用的葡萄。

但是，猶太人復國主義運動的先驅赫茲爾找到愛德蒙，說出他更宏大的目標——向巴勒斯坦遷移一萬五千個猶太人的復國計畫，愛德蒙拒絕了，也向外界傳遞出羅斯柴爾德家族在復國運動上的立場。在愛德蒙看來，巴勒斯坦土地貧瘠，突然湧進這麼多移民恐怕難以承受，而且如此大規模地向外移民，還會給反猶主義者提供驅逐猶太人的藉口。於是，愛德蒙堅持繼續在巴勒斯坦的小規模拓殖。他對巴勒斯坦的環境研究得非常透徹，並且預見其中爆發衝突的可能。

愛德蒙賄賂土耳其駐巴勒斯坦的歷任總督，在巴勒斯坦買下具有軍事作用的戰略要地——朱達、薩馬里拉、加利利、雅法港，並且對當地的猶太教居民解釋，歐洲的戰略格局正在發生無法預見的深刻變化，他們遲早要利用這些戰略要地來保護自己。在第一次中東戰爭中，猶太人靠那些軍事要地擋住阿拉伯聯軍的凌厲攻勢。

南森‧梅耶把赫茲爾介紹給英國政壇，此後，猶太復國主義開始在英國統治階層獲得同情與支持。魏茲曼掌權以後，透過羅斯柴爾德家族的介紹，魏茲曼結識更多的英國政界要人，其中包括英國外交部副部長艾倫比將軍，艾倫比將軍曾經是耶路撒冷的解放者。對此時的魏茲曼來說，還有一個人對他意義重大，這個人就是沃爾特。在魏茲曼看來，想要把那些猶太人的企業聯繫起來的最好方式，就是獲得沃爾特的支持。

沃爾特（1868—1937年），羅斯柴爾德家族傑出的金融家南森‧梅耶的兒子。南森‧梅耶作為英國猶太人的領導人，為爭取猶太人的利益做了很多工作，一直以來，他都是一個堅定的同化主義者，但是復國運動的策略發生改變，南森‧梅耶的態度也發生轉變。不久之後，南森‧梅耶的兒

子沃爾特成為英國猶太復國主義運動的主席。

千百年來，猶太人一直懷揣著一個古老的夢想——回到錫安。錫安是位於中東地區古代猶太國首都耶路撒冷的一座山丘，是猶太人祖先居住過的地方，也是他們信奉的上帝耶和華的聖地。按照猶太教義，錫安是耶和華賜給猶太人之地，無論猶太人流散到何處，耶和華定意令他們回歸聖地，沒有任何力量可以阻攔這一切。

所以，儘管在漫長的兩千多年裡，猶太人失去自己的國家，流散到世界的各個地方，顛沛流離，飽受凌辱，但是他們始終堅信自己信奉的上帝，有朝一日會讓他們重新回歸錫安，這個信仰催生猶太人夢寐以求的復國思想。

1914年，魏茲曼正在為爭取英國政府的支持而做著許多努力，與羅斯柴爾德家族成員的相遇，讓魏茲曼感到無限的欣喜。羅斯柴爾德家族與猶太復國主義運動有解不開的淵源，從這個意義上說，這次相遇也是必然的。

1917年11月2日，英國外務大臣貝爾福致信沃爾特，闡明英國支持猶太復國主義者在巴勒斯坦建立猶太人「民族家園」，條件是不傷害當地已有民族的公民權利和信仰權利。這封寫給羅斯柴爾德家族的信，雖然只有幾百字，但同時也是一個宣言——《貝爾福宣言》，這個宣言為猶太人的歷史翻開新的一頁。這封信是英國以國家形式，協助猶太人大規模返回巴勒斯坦的開始。

《貝爾福宣言》的重要意義還在於：促使猶太人從經濟上支援英國所在的協約國一方，打消德國爭取猶太復國主義幫助的計畫，阻止猶太人佔大比例的俄國布爾什維克派與德國議和。

1917年12月9日，英國軍隊進入耶路撒冷，同時借助阿拉伯人的力量

結束鄂圖曼土耳其帝國對巴勒斯坦的統治。

　　二戰以後，德國一敗塗地。英國雖然是戰勝國，但是由於戰爭的消耗，元氣大傷，遠離戰場的美國開始崛起。在美國這個新興的移民國家，環境相對自由，猶太人逐漸有一定影響力。在1947年11月29日的聯合國大會投票上，美國作為主要力量，促成通過分割巴勒斯坦的議案。

　　時至今日，以色列到處留著羅斯柴爾德的印記，政治中心特拉維夫最寬闊的街道就叫做「羅斯柴爾德大道」。以色列人給自己孩子取名的時候，很多人都會想到這個名字：羅斯柴爾德。

被取代的戰爭金融核心

　　南森・梅耶在1915年去世，南森・梅耶之死是一件甚至連戰爭都無法搶去風頭的事件，他的去世也讓人們對羅斯柴爾德家族的未來產生悲觀情緒。其實，羅斯柴爾德銀行在南森・梅耶時期，與那些金融界的對手相比，已經開始走下坡。

　　在英國，公債佔銀行全部業務的比重開始下降，大型的股份制銀行已經更多地發揮作用，像羅斯柴爾德銀行這樣的私有銀行不可能再處於主導地位。英國經濟學家沃爾特・白芝浩在其寫於19世紀70年代的文章中，曾經提出一個問題：在應對股份合作制銀行的挑戰時，大型的私營銀行可以堅持多久？他寫道：「父親擁有不凡的大腦，並且開創這個事業，但是兒子的頭腦不如父親，將會面臨失去部分或是全部事業的局面。」

　　這篇文章彷彿暗示羅斯柴爾德銀行在20世紀的境遇。在南森・梅耶死後，羅斯柴爾德家族開始進入第五代成員時期，新的羅斯柴爾德家族領導者對於園藝和收藏表現出極大的癡迷。南森・梅耶的兒子是一位知名的動物學家，在金融界被稱為「可憐的胖子沃爾特」，正如這個稱謂昭示的那樣，他對於金融表現出異常的遲鈍。1905年之後，管理羅斯柴爾德公司的大多數責任交給阿方斯唯一的兒子愛德華，他的愛好是打獵和賽馬，在商業上沒有什麼引人注意的成就。愛德華在北線鐵路的一次年會會議上，這樣抱怨投資者：「如果賺了錢，他們會認為那是他們應得的。如果他們虧

了錢，他們會說是被羅斯柴爾德家族害慘了。」

尼爾‧佛格森撰寫的《羅斯柴爾德家族》一書中，這樣評論第五代：「羅斯柴爾德家族的第五代開始忽視『銀行業務』，轉而追求更高的生活品質。」

隨著受教育機會的增多，羅斯柴爾德家族第五代將聰明才智從生意轉移到科學藝術上，例如：薩洛蒙的曾孫尤金寫出提香的專論。除此之外，羅斯柴爾德家族裡血氣方剛的小夥子們也在摩拳擦掌，因為世界戰爭的炮火打響了。

儘管羅斯柴爾德家族在一戰期間有所獲利，維克斯公司的槍、新英格蘭出產的鎳以及戴比爾斯公司的鑽石的需求開始增加，但是比起在戰爭中遭受的打擊，這些都不值一提。這場戰爭對羅斯柴爾德銀行來說，已經演變成一場深重的災難。

由於協約國和同盟國的敵對立場，一戰摧毀羅斯柴爾德維也納銀行與倫敦銀行、巴黎銀行之間的最後一點聯繫。

更糟糕的是，羅斯柴爾德銀行一直以來努力維護的金本位制開始發生動搖，大多數的參戰國將黃金用於購買軍火，停止黃金的自由輸出，暫停貨幣對黃金的兌換，採用匯率控制。

1914年8月，第一次世界大戰爆發以後，英國財政幾近崩潰，經濟陷入蕭條，英格蘭銀行的黃金儲備下降到警戒線。英國的工業已經無力提供足夠的、打一場全面戰爭需要的裝備和彈藥。1914年10月，英國政府陸軍部派出一個代表團前往華盛頓，任務是從美國私人公司那裡採購軍用物資，美國的官方立場是嚴格保持中立。英國的採購團很快就決定將紐約的一家私人投資銀行——摩根公司作為獨家採購代理商，安排武器、軍服、化學品和其他軍需品的採購事宜。總之，摩根公司為大英帝國安排1914年

打一場當時的現代戰爭需要的一切。這時，摩根公司實際上擁有兩份差事，既為戰爭採購融資，又安排和挑選供貨公司，還要為採購的武器裝備制定價格。所以，摩根公司註定從軍火的生意中獲益豐厚。

這顯示一個轉變，那就是：英國在戰爭中開始越來越依賴美國的信貸，J.P.摩根取代羅斯柴爾德公司成為戰爭金融的核心。

對於當時的羅斯柴爾德家族來說，只能感嘆錯失美國是一個戰略性的失誤。這一切的境況彷彿都在宣告羅斯柴爾德家族在1914年走到盡頭，第一次世界大戰證明羅斯柴爾德家族金融影響力的衰退。但是從另一個方面來看，摩根家族在20世紀30年代扮演的角色不可能達到羅斯柴爾德家族在19世紀30年代扮演的角色地位，這是因為應用金融影響力、透過債券市場來阻止侵略性的外交政策已經沒有作用，20世紀的政治危機顯示出金融影響力的局限。

1919年6月28日，協約國和同盟國在巴黎的凡爾賽宮簽署條約，象徵第一次世界大戰正式結束。根據《凡爾賽和約》，戰敗國德國必須支付2260億金馬克的戰爭賠款，這筆沉重的賠償給德國經濟戴上沉重的枷鎖，並且間接導致納粹黨在德國的崛起。

衰而不倒

　　第一次世界大戰刺激市場對大宗產品和工業品的需求，全球最大的礦業集團之一——力拓公司的業務從銅、黃金的業務擴展到對硫黃的回收、爐渣的處理以及矽膠的生產，羅斯柴爾德家族作為力拓公司的主要股東，影響力也日益擴大。同時，由於戰爭中金本位制度的退出，各國政府開動印鈔機以解決赤字問題，結果造成惡性的通貨膨脹。

　　1919年，為了抑制通貨膨脹、維持物價的穩定，禁止從倫敦出口黃金的禁令開始取消，英格蘭銀行買斷主要黃金廠商南非礦業公司的黃金，羅斯柴爾德銀行作為中間人，首先按照標準價格支付給廠家，然後再按照一個最好的價格，給市場和貴金屬經紀人進行競價的機會。

　　1919年9月12日，在羅斯柴爾德英國銀行位於倫敦的辦公室裡，聚集倫敦五大金行的代表。首次，由羅斯柴爾德家族成員作為定價主持人。一般在定價之前，市場交易停止片刻。此時，各金商先暫停報價，由羅斯柴爾德公司根據前一天晚上倫敦市場收盤之後的紐約黃金市場價格，以及當天早上香港黃金市場價格，定出一個適當的開盤價。其餘四家公司代表立刻將開盤價報給各自公司的交易室，各個公司的交易室立刻按照這個價格進行交易，把最新的黃金價格用電話或電傳轉告給客戶，並且透過路透社把價格呈現在各自交易室的電腦系統終端。各個代表收到訂購業務的時候，會把所有的交易單加在一起，看是買多還是賣多，或是買賣相抵，

隨後將資訊以簡單的行話告訴羅斯柴爾德銀行代表，以調整價格。如果開盤價過高，市場上沒有出現買方，首席代表將會降低黃金價格；如果開盤價過低，就會將黃金價格抬高，直到出現賣家。定價交易就是在這樣的供需關係上定出新價格。之後，新價格會很快傳遞給世界各地的交易者。從1919年開始，世界的黃金價格每天就在羅斯柴爾德家族的這間辦公室裡確定。

第一次世界大戰的影響之一就是德國和日本的工業得到飛速發展，經濟實力快速增長，英、法、美等國先後出現停滯。1929年和1937年，全球發生兩次嚴重的經濟危機。1930年，奧地利的信貸銀行虧損達到上億先令（約400萬英鎊）。羅斯柴爾德家族倫敦方面認為，投資一家仍然在「出血」的銀行是不合適的。愛德蒙認為，甚至看家族維也納銀行的戶頭一眼也非常危險，因為這樣會招致維也納銀行要求巴黎銀行的支持。

此時，奧地利變成只有700萬人口的小國，作為戰敗國，其貨幣不斷貶值。羅斯柴爾德維也納銀行擁有大量舊奧匈帝國的公債，一時陷入財政危機。為了彌補赤字，維也納銀行的接班人只能在債券市場上大量買進，企圖透過做多來穩定公債價格，但是奧地利債券市場上的一位投機家卡斯丁格里昂不同意，偏要大肆做空。戰爭以後實力大為削弱的羅斯柴爾德銀行無力還手，結果被後者佔了上風，卡斯丁格里昂將公債的價格打到極低的價位以後空頭回補，一夜暴富。

與卡斯丁格里昂相呼應，許多投機客也聞風而動，大舉做空戰勝國的貨幣。幾天以後，法郎也應聲下跌，在全世界引起極大的恐慌。金融人士分析認為，如果法郎貶值，英鎊和美元也無法倖免。此時，志得意滿的卡斯丁格里昂決定到法國再賭一把。他帶著剛從奧地利債券市場上賺得的大筆鈔票進軍巴黎，以數量驚人的資金大肆做空法郎，其他投機客也跟風而

動、紛紛拋出。不久，法國公債以驚人的速度開始大跌。就在卡斯丁格里昂故伎重演，決定大撈一把的時候，法郎卻令人意想不到地開始止跌。隨後，法郎連連飆升，在幾個交易日內迅速漲停。卡斯丁格里昂傻眼了，就像他當初一夜暴富一樣，他一夜之間破產了。這一切的幕後操縱者，正是羅斯柴爾德家族。

團結再次被證明是羅斯柴爾德家族無窮的力量源泉。以摩根為首的美國資本家很清楚，如果聽任法郎貶值，會直接危及到美元的安全，他們在一戰中發的戰爭財會化為烏有。為此，法國羅斯柴爾德家族和美國摩根家族結成策略聯盟，在市場上做多法國公債，促使法郎升值。

與此同時，因為法郎與英鎊具有連動效應——法郎升值必會引起英鎊貶值，於是在做多法郎的同時，他們也在倫敦債券市場上布下重兵，大做英國公債的空頭，兩頭賺錢。

在這場金融大戰中，歐洲三家羅斯柴爾德銀行透過家族威力無比的通訊系統頻繁聯絡，緊密配合，同時買進，同時賣出，與美國摩根財團一起，在歐美兩地四國證券市場上縱橫馳騁，主宰各國公債的漲跌。

這場悄無聲息的戰役結束的時候，法、英、奧三國的羅斯柴爾德銀行非常高興。法國與英國的羅斯柴爾德銀行賺進創紀錄的利潤，具體數額至今都是一個謎，根據業內人士估計約有5億多英鎊，羅斯柴爾德維也納銀行在戰爭中的損失得到彌補。

在應對這場阻擊戰的同時，英國和法國的羅斯柴爾德銀行也在不斷地尋求增加參與國內企業金融活動的機會，其中包括參與倫敦地鐵公司發行信用債券、為沃爾沃斯零售商店發行股份，羅斯柴爾德家族艱難地尋找復興的方向。第一次世界大戰以後，德國不甘心《凡爾賽和約》對其的懲罰和限制，暗中加緊恢復國力；戰勝國義大利因為沒有得到英法許諾的領土

而耿耿於懷；另一戰勝國日本因為《華盛頓條約》對它有所限制也充滿怨恨，在亞太地區與英美展開新的角逐，準備向中國侵略擴張。為了擺脫經濟、政治、社會危機，德國、義大利、日本這三個國家逐漸在國內推行極權統治，同時開始瘋狂地對外擴張，形成法西斯聯盟。1939年，德國不顧協定，襲擊波蘭，第二次世界大戰爆發。

「劍橋五傑」之維克多

　　1939年9月，二戰全面爆發，嗅覺靈敏的羅斯柴爾德家族再次感受到不尋常的氣息：危險正在慢慢向他們走來，希特勒將會給歐洲帶來巨大的災難。為此，熱愛自由的羅斯柴爾德家族成員投入反納粹的戰鬥中。

　　二戰開始的時候，德國向英國本土投擲大量經過偽裝的延時引爆炸彈，這些炸彈很難辨別真假，被做成很多形狀，如煤塊、保溫瓶、高麗菜、蘿蔔，而且引線裝置十分複雜，稍有不慎，炸彈就會提前引爆，導致拆彈人員被炸死。

　　拆彈是二戰以後出現的新行業，沒有系統的教科書，拆彈人員都是以自己過去的經驗行事。羅斯柴爾德家族的第六代成員維克多畢業於劍橋大學，自告奮勇充當拆彈者，而且很快成為一個拆彈專家。他在拆彈方面具有得天獨厚的優勢：一是他有一雙彈鋼琴的靈巧的手，二是他有一個獵豹般敏銳的頭腦，三是他具有羅斯柴爾德家族固有的英勇戰鬥精神。在不計其數的拆彈實戰之後，維克多成為一個表現優異的拆彈專家，幾乎沒有他不能解決的炸彈。二戰結束以後，維克多卸下戰衣，重新過著閒適的生活。然而，在後來長達二十多年的生活中，他一直被懷疑是間諜「劍橋五傑」的成員之一，甚至英國的街頭小報每隔一段時間就要把這件事情拿出來炒作一番。

　　事情起源於20世紀30年代。當時，維克多在劍橋大學求學，精力充

沛，喜歡冒險，而且涉獵廣泛，特別喜歡法語。在學法語的時候，他找來一個比他大三歲的學長安東尼・布朗特爵士擔任課外家教。後來，布朗特介紹維克多加入「使徒會」。「劍橋五傑」中第三個暴露者伯吉斯也加入「使徒會」，從此形成以布朗特、維克多、伯吉斯為核心的團體。

劍橋的「使徒會」由三一學院和國王學院最優秀的十二個成員組成，他們每個星期六在一個秘密會所聚會，討論範圍從哲學、美學到政治、商業。當時成員提交的課題中，大多以蘇聯模式作為研究重點。在這個集團成員們的頭腦中，普遍認為蘇聯的制度模式可以解決全世界的各種危機和問題。

在這種氛圍的薰陶下，二十多歲的維克多開始同情社會主義。但是出於商人的本能，在接受身邊這些人的思想理念的同時，他也在謀劃如何利用這些社會精英為自己的家族利益服務。不久，劍橋大學社會學系的費爾比加入這個團體，他後來作為蘇聯KGB的高級間諜，臥底英國情報部門長達二十餘年，也是英國派駐美國CIA（中央情報局）的高級聯絡官，負責協調英美兩國情報系統的反蘇聯間諜行動。有一次，費爾比試探維克多是否願意做一些比捐助金錢去支援猶太人移民更直接的工作，維克多知道費爾比涉及蘇聯背景，他知道如果幫助費爾比，自己就會成為蘇聯的支持者。出身於情報世家的他，當然知道情報代表什麼意義。在一個兵荒馬亂的年代，失去情報就表示家族百年基業將會面臨重大危機，向蘇聯提供情報可以累積羅斯柴爾德家族與蘇聯這個世界強國的交易籌碼。羅斯柴爾德家族百年以來最顛撲不破的真理就是兩邊下注，永遠與勝利者站在一起。最終，他做出合理的選擇。

「使徒會」的朋友們畢業以後開始找工作，維克多施展能量、鼎力相助，借助羅斯柴爾德家族在英國龐大的政商關係網，幫助這些朋友跨入英

國的上流社會。經由維克多的推薦，伯吉斯進入英國軍情六處，其他幾個人也成功進入英國情報部門，後來成為蘇聯KGB打入英美情報圈的中堅力量。他們之中最早暴露身分的是麥克林和伯吉斯，費爾比、安東尼‧布朗特爵士也先後暴露身分，後來他們全部逃往蘇聯。

「劍橋五傑」中，第五個人的身分一直沒有暴露，人們眾說紛紜，各種證據讓人們有理由相信，維克多就是第五個人。

羅斯柴爾德家族很早就與哈格納建立密切的關係，哈格納是1929年成立的一個猶太復國主義的秘密情報組織，即以色列摩薩德的前身。哈格納的主要使命就是建立以色列，這個組織在羅斯柴爾德家族的大力資助下，在歐洲建立龐大的間諜網絡和監控系統，在各大城市秘密監控所有反對猶太復國主義的政治組織。

身處英國情報部門的核心，同時與猶太復國主義的情報網哈格納有密切聯繫，維克多當仁不讓地成為第二次世界大戰中最重要的資訊和情報中樞之一。他利用劍橋的人脈關係在英國國防科技實驗室波頓當的關鍵研究部門謀得一個重要位置，主要研究生化武器。維克多在密切關注研究進展的同時，也在不動聲色地收集美國馬里蘭的細菌戰研究機構的資料，以及在美國密西西比州進行的實際測試結果。維克多來到波頓當實驗室四個月內，蘇聯KGB就收到大量實驗資料，蘇聯生化武器研究的步伐也相應步步緊隨。

此時，維克多向蘇聯提出條件，讓蘇聯政府放鬆限制猶太人向巴勒斯坦移民的控制，並且支持猶太人在巴勒斯坦建立以色列。1947年，在聯合國大會上，美國和蘇聯作為冷戰的雙方，奇蹟般地都對猶太人在巴勒斯坦建立國家投出贊成票，這個舉動讓人們聯想到維克多對蘇聯的制衡。

1986年12月，關於維克多是蘇聯間諜的炒作達到空前的高潮，以至於

這位羅斯柴爾德勳爵只能公開闢謠，要求政府出面還自己清白。很快地，時任英國首相的柴契爾夫人發布一個聲明：「我們沒有證據證明羅斯柴爾德勳爵曾經當過蘇聯間諜。」此語一出，流言終於止息了。四年後，維克多在平靜中離世。

浩劫難逃

西方文化中自古存在一種排猶太情緒：猶太人被說成是出賣耶穌的人、投機商人、不潔的人。羅斯柴爾德這個猶太富裕家族的崛起，更加劇反猶太思想的傳播和發展。當時，歐洲盛傳「如果沒有羅斯柴爾德銀行的資金支援，沒有國家有能力發動戰爭」。1933年德國納粹頭目希特勒上台以後，這種排猶太思潮空前高漲。羅斯柴爾德家族認識到：這個奧地利流浪漢出身的政客，將會成為歐洲猶太人最大的敵人。

果然，災難如期而至。1938年11月9日夜，對猶太人的血腥屠殺在德國和奧地利同時開始。當時的報紙是這樣記載的：「暴徒們放火燒毀猶太人教堂，警察和消防隊員袖手旁觀，既不去救火，也不去制止……暴徒們滿街狂奔，厲聲喧囂，到處襲擊猶太人商店，砸爛門窗，搶劫財物……」

僅在這一夜，就有91個猶太人被殺害，數百人受重傷，數千人飽受凌辱，約7500家猶太人商店被洗劫一空，近200座猶太教堂被焚燒或拆毀，30000個猶太人被逮捕。暴行過後，成千上萬的猶太難民湧入巴勒斯坦，這是世界近代史上最大的一次難民潮。羅斯柴爾德家族也未能倖免，德國、奧地利兩國的羅斯柴爾德家族成員首當其衝。

1938年3月12日，希特勒軍隊進入奧地利的歡迎儀式結束，納粹軍官驅車來到路易斯・羅斯柴爾德的豪宅門前，準備抓捕他。路易斯是羅斯柴爾德家族第五代成員，薩洛蒙的曾孫。

他們在門口按門鈴，等了一會兒，傭人彬彬有禮地開門，軍官要求面見男爵。傭人進去通報，軍官在門口等著。過了很長時間，傭人出來說男爵現在正在吃飯，不能被打擾。說完，傭人取出一支筆，彬彬有禮地說：「你們要見男爵，先預約吧！」

納粹軍官傻眼了，不知道應該怎麼辦，只好悻悻地離開。英國羅斯柴爾德家族聞訊從倫敦打來電話，催促路易斯趕快逃走，他不慌不忙地收拾，等到那個納粹軍官再次登門，「未經預約」把自己抓走⋯⋯討價還價以後，倫敦的家族支付給希特勒200萬英鎊，要求釋放路易斯，元首拿到錢以後就簽署釋放令。當月月底，黨衛隊隊員開始從路易斯・羅斯柴爾德的宮殿裡搶奪藝術品，家族財產被洗劫一空。與此同時，一個新成立的奧地利國有企業與工廠信貸局強制接管羅斯柴爾德家族的企業。緊接著，被接管的企業交由一家叫做默克・芬克公司的德國企業管理，並且最終於次年被後者併吞。

羅斯柴爾德家族位於捷克國土上的維特科威茲鋼鐵廠，也被德國納粹頭目戈林盯上了。早在此前的兩年，羅斯柴爾德家族就考慮到會有這麼一天，為了防止公司在瑞典弗雷亞鐵礦的股份以及20萬英鎊的外匯被沒收，羅斯柴爾德家族秘密將維特科威茲的股份轉移到英國安聯保險公司的名下，這家保險公司實際上仍然屬於英國羅斯柴爾德家族。戈林派去的特使奧托・韋伯趕到的時候，發現維特科威茲已經處於英國的保護之下。根據國際法，儘管德國吞併奧地利，卻無權染指英國的財產。

面對納粹的淫威，羅斯柴爾德家族毫不讓步，他們針對納粹的無理要求，提出自己的條件：路易斯男爵平安獲釋之後，以290萬英鎊的價格出售維特科威茲鋼鐵廠。希特勒聞聽此言暴跳如雷，但是此時維特科威茲鋼鐵廠受到英國的保護，希特勒也無可奈何。雙方經過一番較量，最終在1939

年7月，按照羅斯柴爾德家族的條件達成協定。不久二戰爆發，德國人找到一個不付款的完美理由，維特科威茲鋼鐵廠就這樣被納粹政權收入囊中。

　　實際上，羅斯柴爾德家族的實業投資不是希特勒和他曾經的忠實信徒戈林最感興趣的，他們最渴望攫取的是羅斯柴爾德家族的那些無價之寶——藝術大師的畫作、上等瓷器、名貴家具，這才是家族最耀眼的財富。在逃離奧地利的時候，路易斯的兄弟阿方斯留下一個價值連城的私人收藏館，這些作品都被希特勒竊取，納入他的「元首收藏品館」。

　　還有幾位定居在德國的家族成員的私人資產遭受同樣的厄運。馬克西米利安（卡爾的孫女米娜的丈夫）被迫以61萬德國馬克，將位於伯克海默爾-蘭德斯特拉斯的住所賣給法蘭克福政府，這裡的花園還是他妻子的叔祖阿姆謝爾一個多世紀以前買下的。不久，他再次被迫將他的藝術品收藏以230萬德國馬克的價格出售給市政府，並且將剩餘資產的25%捐給德意志帝國作為「補償款」。馬克西米利安去世的時候，他剩餘的資產全部被沒收。後來，盟軍的炸彈摧毀那所他度過生命中最後時光的房子和古老的辦公大樓的時候，這些建築物已經不再屬於羅斯柴爾德家族。

　　與奧地利、德國的情形一樣，法國淪陷以後，類似的掠奪也降臨在法國羅斯柴爾德家族的身上。1940年9月，德國陸軍元帥凱特爾簽發一份特別指令給已經淪陷的法國軍政府，要求沒收巴黎羅斯柴爾德家族的所有財產，包括已經上交給法國政府的部分。在隨後的一個月裡，德國人任命管理羅斯柴爾德公司的管理者。

　　為了逃避搜查，法國羅斯柴爾德家族的藝術收藏品被隱藏在不同的地方，但還是被德國佔領軍發現。1940年11月，戈林受希特勒的委派匆匆趕過來，這位帝國元帥為自己挑選大量的珍品，包括來自於愛德華收藏品中的部分荷蘭和法國作品，還為他的妻子挑選一幅梅姆林的《聖母像》。最

珍貴的收藏品——維梅爾的《天文學家》、布雪的《龐巴度夫人》等三十幅傑作,他不敢據為己有,這些「貢品」最終落到希特勒的手上。戈林花錢「買下」這批畫作——以極其荒謬的低價。

然而,這些財產的損失不是最可怕的,最可怕的是希特勒的種族清洗政策,以及由此發起的對600萬猶太人生命的剝奪,家族中兩位成員直接死於納粹的種族清洗。維克多母親的大姐阿蘭卡,死於布亨瓦德集中營。另一個受害人是家族第六代成員菲利普的妻子,儘管她極力與羅斯柴爾德家族撇清關係,聲明自己來自於一個法國天主教家庭,還是被蓋世太保投入拉文斯布呂克集中營,並且被納粹殘忍地殺害。

戰爭帶給羅斯柴爾德家族以及其他猶太人的創傷是巨大的。為了保護猶太民族,羅斯柴爾德家族在金融領域和希特勒代表的反猶太勢力展開無數次的交鋒。所有正當役齡的羅斯柴爾德家族成員投入反納粹的戰鬥中:法國分支的艾倫和埃里兩兄弟竟然在戰俘營裡相遇,英國分支的利奧波德參加白金漢郡的義勇軍,先後在北非和義大利作戰。劍橋出身的維克多貢獻最大,他先以拆彈專家的身分參加戰爭——幾乎沒有他不能解決的炸彈,而後又負責保衛邱吉爾首相的人身安全,防止軸心國特務在食物和日用品中下毒。

如果希特勒的「海獅行動」成功實施,英國羅斯柴爾德家族以及他們的藝術收藏品也難逃厄運。但幸運的是,希特勒最終沒有採取行動,因此他們僥倖逃過這個劫難。但是這種幸運也僅限於此,在第五代羅斯柴爾德家族中,只有安東尼活著看到二戰的結束,在國民衛隊中擔任下士,其他人已經離開人世。

即使在漫無邊際的黑暗中,仍然有信仰的光輝在熠熠閃爍。猶太人始終相信,只要他們始終如一地信仰耶和華上帝,就算有再多的流亡與苦

難，他們最終都會得到幸福。

　　二戰以後，為了實現猶太人復國的夢想，羅斯柴爾德家族不惜代價，支持以色列國家的建立。後來，猶太人和以色列稱讚羅斯柴爾德家族為「猶太之盾」。「羅斯柴爾德」本來在德語中就是「紅色之盾」的意思，這大概是一種預示。

　　「請主降下磨難，考驗我對主的信仰；請主降下苦痛，把我和一般人區分；請主給我逆境，讓我成功。」猶太人聖典《塔木德》如是說。

　　德國納粹上台以後，沒有絲毫猶豫，立刻著手染指羅斯柴爾德家族的財產。為了保護家族財產免受洗劫，在法國遭到入侵之前，羅斯柴爾德巴黎銀行盡最大努力把一些資產轉移到海外，例如：它持有的皇家荷蘭銀行的股份被存放到蒙特利爾的一家銀行裡，不過這些資產在法國淪陷的時候還是被當作敵人資產而遭到凍結。此外，有些家族成員在出逃的時候也隨身攜帶一些珠寶。但是，家族財富中的大多數還是被德國佔領軍劫獲一空。除了家族的銀行資產，私人藝術品收藏因為數量宏大而沒有被及時從佔領區轉移出去，被隱藏在許多不同的地方，德國佔領者很快發現它們。納粹種族理論家阿佛烈・羅森堡搜集203個私人收藏點，獲得收藏品總件數達到21903件。絕大多數法國、奧地利羅斯柴爾德家族的財產，在戰爭期間被德國納粹洗劫一空、納入囊中。

　　阿佛烈・羅森堡將瘋狂搶劫來的猶太人財寶進行清點並且編號，登記在冊。在戰後盟軍繳獲的納粹文件中，有一份1944年7月13日編寫的西歐猶太望族財產的明細單，從中可以看到，羅斯柴爾德家族的財寶佔財富總額的六分之一。

　　從羅斯柴爾德家族沒收的財寶，共計3978個編號；從卡曼家族沒收的財寶，共計1202個編號；從大衛・威爾家族沒收的財寶，共計1121個編

號；從列維‧德‧萬齊恩家族沒收的財寶，共計989個編號；從塞利格曼兄弟家族沒收的財寶，共計556個編號……這些法國猶太人的財寶，大多數都價值連城，被德國佔領軍運回國內並且由德國博物學家仔細分類造冊以後，被放置到散布在德國各地的六個廢棄的礦坑裡精心保護。

直到二戰接近尾聲的時候，這些財寶中的大多數才被盟軍的先遣部隊發現，儘管有一些——例如：華鐸的作品以及布雪的《歐羅巴的夢魘》——後來一直沒有被找到。梅姆林的《聖母像》在戈林向活捉他的美軍行賄的時候被發現，更多的財寶可能已經遺失了。向德國挺進的美國第七軍雇用紐約大都會博物館的藝術品鑑賞家羅里梅，隨軍處理戰利品。不久，盟軍情報機關抓獲戈林的親信——德國女軍官蘿絲。從她的口中，人們套取到那批埋藏在礦坑裡的珍品的下落。在德國戰敗以前，137個車廂的財寶從礦坑裡被取出，轉移到巴伐利亞南部菲森地方的兩座城堡裡。

羅里梅奉命開始尋寶的征程。他徵用盟軍的一輛卡車，不分晝夜地趕往菲森。到了目的地以後，他發現，在一座高聳入雲的山頂上，有一座酷似童話書中強盜藏寶的城堡。

進入城堡以後，他就地解散德國衛隊，在裡面挨門逐戶地搜查。不久，搜查隊在一個城堡的大廳裡，發現加上防火板的許多箱藝術品。緊接著，許多箱更值錢的藝術收藏品秘密倉庫被發現。在打開一扇沉重的防空襲、防炮擊的鋼門以後，羅斯柴爾德家族的財寶——整整兩大箱，安靜地躺臥在那裡，出現在人們的視野中。其中有一幅是法國羅斯柴爾德家族成員莫里斯的收藏品，它就是舉世聞名的荷蘭畫家魯本斯創作的《三聖者》。

看到每件藝術品都拍有在當時還十分珍貴的彩色照片，而且加上物品的原主人和來源地的標注，羅里梅簡直要跳起來了！這些精心編寫的分類

目錄，無意中幫助這位鑑賞家，也展現德國民族的嚴謹與精確。假如沒有這些目錄，要鑑別幾十萬件的藝術品，至少要花費二十年的時間。這一切行為卻在無意中幫助他們迫害的猶太人！

返回巴黎以後，羅里梅立刻向上級彙報這一切，這些寶藏很快受到美軍的嚴密保護。之後，這些在二戰中散落的財產，原封不動地被歸還給羅斯柴爾德家族。

除了上述所說的動產以外，德國空軍和後來的一位德國將軍曾經佔用位於馬里尼大街23號的法國羅斯柴爾德家族成員的宅院。這幢房產原本屬於維克多的法國堂兄艾倫與埃里，在巴黎最繁華的市中心，佔地十英畝，與法國總統辦公的愛麗舍宮遙遙相對。在這幢豪宅裡，擺滿數不勝數的精美油畫和上乘的藝術品。

二戰結束以後，維克多匆忙地趕回，他驚訝地發現，豪宅裡面的陳設與藝術品和戰前一樣，保存得完好無損，絲毫沒有受到毀壞。他叫來管家詢問，管家回答維克多的疑問——原來，與出身下層的蓋世太保相比，德國空軍的素質高出許多。德國駐法國空軍司令搬進這座豪宅的時候，曾經說過一句意味深長的話：「政客來來去去，只有羅斯柴爾德是永存的。」

收拾殘局

「我們的存在，是履行和神簽訂的契約。」猶太人是契約之民。在兩千年的商業活動中，他們恪守「契約之民」的宗教信條，普遍重信守約，相互之間做生意的時候經常不需要合約，口頭的允諾已經有足夠的約束力，因為他們覺得「神聽得見」。

在猶太人看來，人與人之間的契約，也和神定下的契約相同，絕對不可以毀約。簽訂契約以後，就要無條件遵守，即使有再大的困難與風險，也要自己承擔。毀約是不可寬恕的，如果不履行約定，就會受到上帝的懲罰。

二戰結束以後，法國羅斯柴爾德家族的成員相繼回國，羅斯柴爾德家族的第四代成員愛德華和羅伯特決定在戰爭的廢墟中重建家族產業。他們首先要做的事情，就是把戰前隱藏在法國各地銀行的帳本和證券收集起來，這項工作由法國羅斯柴爾德銀行的高級經理人莫剛德擔任。

莫剛德的第一站是距離巴黎五百英里遠的凡爾科。戰前，羅斯柴爾德家族在這裡疏散一大批銀行的帳本與證券。這五百英里的路很不好走，莫剛德先乘坐火車，然後轉乘汽車，最後來到鄉間泥濘的小路上徒步跋涉。當時，戰後的法國處於一片混亂狀態中，強盜經常在鄉間出沒。為了防身，莫剛德帶了一支步槍。無論是在簡陋的鄉間小館，還是在路邊農民的草垛上，他始終槍不離手。經過半個多月的艱苦跋涉，莫剛德終於到達

目的地，在一間簡陋無比的鄉下小屋裡，他找到一位前羅斯柴爾德銀行員工。

這位忠誠的員工看到莫剛德欣喜若狂，他在戰爭期間，恪盡職守地守護銀行的財富。在農舍的一個地窖裡，他指著一堆用塑膠布包裹得緊密的東西對莫剛德說：「看啦，都在這裡啦！一樣也不少，你來清點吧！」

沒有人可以體會莫剛德驚喜交集的心情。他本來是抱持一無所獲的態度來尋找這批財富，沒想到結果是如此令人意外。花了兩天時間，他把這堆東西清點出來——5000萬法郎的有價證券！把這批證券打上封條以後，莫剛德繼續向馬賽行進。在馬賽臨海的一個荒涼的村子裡，一對曾經在羅斯柴爾德銀行工作的夫婦，從一口假井裡掏出銀行寄存的帳本，交給莫剛德。還有一位在鄉下躲避戰火的保險經紀人，把一堆價值700萬法郎的可轉換債券，完好無損地交到莫剛德的手上。三個月以後，莫剛德清點完銀行存放在法國各地的所有寄存物品，雇了一輛蓋得緊密的卡車，把這批價值40億法郎的證券和三十多箱帳本，安全地送達羅斯柴爾德銀行巴黎總部。

像莫剛德這樣被羅斯柴爾德家族派出去追帳的高級經理人總共有十多位，他們從分散在法國各地的羅斯柴爾德銀行員工手中，收回所有在戰前隱藏的帳本與證券，帳目一分不差，證券和現金一分不少。羅斯柴爾德銀行員工的忠誠，在這個關鍵的時刻顯露無遺。在戰爭中最艱難的時刻，他們寧願餓死，也不在這些隨時可以拿到市場上變現的證券上打主意。

猶太人可以歷經磨難而仍然表現得十分優秀，這個民族具有的契約精神是相當重要的原因。這種契約精神源自商品交換，發展於市場經濟，而後又滲透到社會的各個領域。說得通俗一些，契約精神就是說話算數，做出承諾就要執行，而且是不計代價地堅決執行。在職場中，這種契約精神表現為一種忠誠的態度：一是以公司利益為重，忠誠於公司利益；二是恪

盡職守，盡心盡力做事。羅斯柴爾德家族銀行員工表現出來的忠誠，正是他們契約精神的真實表現。

二戰以前，愛德華要求銀行的高層主管把銀行戶頭上的大筆款項，特別是猶太客戶名下的存款，轉移到用假名字在法國其他銀行開設的五十多個戶頭，戶主是家族銀行透過秘密代理人設在里昂及馬賽的五個空殼公司。納粹查封羅斯柴爾德銀行的時候，他們什麼也沒有得到。法國在德軍佔領期間出現許多內奸，他們甘願為納粹為虎作倀，但是這些接收羅斯柴爾德銀行秘密存款的銀行，沒有一家向德國佔領軍告密。

法國社會秩序恢復以後，羅斯柴爾德銀行花費六個月的時間，把五十多個假戶頭上存的錢轉移回來，銀行的金庫又像戰前一樣裝得滿滿的，法國羅斯柴爾德銀行的信譽又恢復得和戰前一樣，銀行奇蹟般地開始正常營業。

契約精神是一種偉大的力量，這種力量強大到足以使這些銀行員工在兵荒馬亂的年代中，寧願冒著生命的危險，也要護衛雇主的財產。

第九章：轉型

1945～1990

告別愛德華

1944年8月25日，盟軍的「自由法蘭西」部隊第二裝甲師攻入巴黎，從納粹的鐵蹄下解放這座城市。當天下午，戴高樂將軍來到市政廳，發表著名的解放巴黎演說。「巴黎！巴黎憤怒了！巴黎淪陷了！巴黎犧牲了！但是巴黎（現在）解放了！」

隨著巴黎的解放，很多在二戰期間流亡美國的人開始返回巴黎。在這些人之中，包括愛德華和他的妻子吉曼。

愛德華出生於1868年，是羅斯柴爾德家族第三代阿方斯的兒子。1905年，愛德華接替父親的職位，負責羅斯柴爾德家族法國分支的工作。

這時的愛德華還清晰地記得，在德國人佔領法國的前夜，他在匆忙中把自己收藏的藝術品轉移到一個農場中。後來，他和他的家人輾轉至葡萄牙的里斯本，又逃往紐約。最終，納粹還是找到他的藝術品。

愛德華重返巴黎的時候，已經是一個76歲的老人，所剩的時日不多。1949年6月的巴黎，空氣中瀰漫著被熱浪浸潤過的氣味。在巴黎證券交易所，投資人聚在一起聊天，一切都沒有什麼變化，股市異常穩定。然而，股市開盤兩個小時以後，突然之間，超級績優股羅亞德奇石油公司和坦特綜合金屬工業的股價瘋狂下跌，專業的股票交易商紛紛拋售股票，交易所霎時籠罩在崩盤的恐慌中。

很快地，績優股大肆殺跌，法國的羅尼克礦產公司的股價跌到「地

板價」，世界鑽石市場比例第一的戴比爾斯公司也岌岌可危。恐慌氣氛在交易所迅速蔓延，股民們眼見情勢不妙，紛紛開始拋售。績優股的股價毫無理由地墜入谷底，很多剛上市的新股也不可避免地遭到拋盤，股價離奇暴跌。一天之中，巴黎股市指數創下數月以來的最低紀錄，暴跌過程讓投資者目瞪口呆。更糟糕的是，沒有人知道原因是什麼，所有投資者人心惶惶，唯一的念頭就是盡快賣掉手中持有的股票。

第二天早上，法國各大報刊都刊登一則消息：「羅斯柴爾德家族巴黎首腦人物愛德華‧羅斯柴爾德男爵因病去世。」與此同時，前一天暴跌的績優股股價因為巨額資金的大量介入而恢復至暴跌以前的價位，羅斯柴爾德男爵正是股市崩盤中的四家績優股公司的大股東。

真相水落石出，人們終於明白：這實際是羅斯柴爾德家族人為操控的一次股市震動。

法國的稅法規定，對很多死者名下股票等有價證券徵收的遺產稅，是以死者死亡當天股票的收盤價格為基準。因此，對於富人而言，如果死亡當天其名下股票的股價比平常低一些，即使只低20%，也可以節省一筆數額巨大的遺產稅。

如果我們還原事情的經過，應該是這樣的：羅斯柴爾德家族先拋售股票以打壓股價，使其急劇暴跌，導致市場出現恐慌性拋售，收盤的時候，股價已經減少八成；第二天開盤以後，他們再把拋售的股票全部買回來，不僅少交巨額的遺產稅，還賺進大筆的差額收入。為了達到這個目的，羅斯柴爾德家族事先進行布局，家族計畫得非常周密，包括對於男爵去世一事秘而不宣。他們在最短的時間內積極協調利益各方，取得其他主要股東的諒解，並且與證券交易所的監管機構商討買賣股票的數量和日期。雖然人為操縱股價這種做法違反證券交易法的公平原則和內幕交易原則，但是

因為申請人是羅斯柴爾德家族，一切就變得簡單可行。因為羅斯柴爾德男爵是一個知名人物，他的死訊在見報以後才算是正式對外公布，稅務部門也是根據報紙上的日期來計算遺產稅，法國稅務部門對此也無計可施。

羅斯柴爾德家族就這樣送走愛德華，這或許是這個富人家族送別親人的特有方式。愛德華執掌的法國羅斯柴爾德銀行經歷法國最動盪的時期，不僅經歷戰爭的洗禮，羅斯柴爾德家族的衝突也開始升級。

愛德華的思想保守，從他的穿著到個性上，可以看出他是一個深受舊式觀念影響的老派人物，對於堂兄莫里斯與生俱來的花花公子作風，愛德華非常不滿。同時，由於兩人在政治和商業上的意見相左，愛德華認為莫里斯是家族的害群之馬。

一段時間以來，兩人之間相互看不順眼，但是為了家族生意，只能共同工作。

在20世紀30年代，兩人的衝突不斷激化，愛德華甚至聯合堂兄羅伯特，決定將莫里斯趕出羅斯柴爾德家族的法國分支。經歷漫長而痛苦的協調與溝通以後，莫里斯最終離開法國，前往紐約。被稱為害群之馬的莫里斯在紐約從事商品投機生意，在1957年去世的時候，他應該是羅斯柴爾德家族最富有的人。後來，他的兒子愛德蒙成立風險投資公司，投資取得巨大成功的地中海俱樂部假日公司。

愛德華去世以後，他的兒子蓋伊接替他的工作，羅伯特的兩個兒子艾倫和埃里也長大成人，此時的羅斯柴爾德家族法國分支進入蓋伊、艾倫、埃里的時代。

羅斯柴爾德家族在戰後法國的影響力大不如前，這時的蓋伊經常出現在報紙上，他涉及的除了金融版的報導，還有許多娛樂新聞。這些娛樂新聞曾經報導羅斯柴爾德家族在費里耶爾莊園舉辦的化裝舞會，為羅斯柴爾

德家族在巴黎的社交界掙回足夠的面子。

除了令人眼花撩亂的化裝舞會之外，羅斯柴爾德家族內部關於酒莊的爭鬥也是巴黎的報紙津津樂道的話題。

紅酒生意：木桐與拉菲

　　在法國波爾多波亞克區北方的一個碎石山丘上，河流潤澤著地表下深層的土壤，來自大西洋的暴風雨經常光顧這裡。遠處飄來的幾朵陰雲，似乎在提醒人們，這裡曾經受過戰爭的洗禮。

　　這裡就是世界聞名的拉菲酒莊。1234年，法國一位姓拉菲的貴族創建這片酒莊，後來由世界酒業的塞古爾公爵購得。18世紀，上流社會的著名「交際花」、法國國王路易十五的情婦龐巴度夫人對拉菲情有獨鍾，使得拉菲成為凡爾賽宮貴族們的杯中佳物。

　　18世紀初，拉菲酒莊的酒在倫敦市場上市，被瘋搶一空。當時的英國首相勞勃·沃波爾在1732—1733年之間，每三個月就要購買一桶拉菲。美國《獨立宣言》的起草人之一、美國第三任總統湯瑪斯·傑佛遜對拉菲酒莊的到訪，更鞏固酒莊的聲望。在那次拜訪之後，湯瑪斯·傑佛遜的一生都在飲用拉菲酒。

　　1755年，拉菲酒莊的擁有者、塞古爾家族的第三代掌門人去世。隨著法國大革命的到來，1794年6月30日，拉菲酒莊被轉為公有財產。1797年，拉菲酒莊被荷蘭財團買走。之後，拉菲酒莊的產權進入一段混亂的時期。

　　1855年，法國舉辦一次世界博覽會，時值拿破崙三世當政，他想要藉由巴黎世界博覽會的機會推廣波爾多的葡萄酒，於是對波爾多的酒莊進行分級。現在看來，這張古老的分級表已經成為波爾多葡萄酒傳承的助推

器，這次評級也讓人們開始知道拉菲酒莊的巨大價值。

波爾多坐落在加龍河的南岸，擁有眾多的酒莊，世界博覽會在這些多如繁星的莊園中選出六十一個最優秀的名莊，這就是後來著名的列級名莊。其中第一級有四個，拉菲酒莊在第一級中名列第一。

1868年，在拉菲酒莊的拍賣會上，羅斯柴爾德銀行法國分支的締造者、老梅耶最小的兒子——詹姆斯以440萬法郎的價格獲得拉菲酒莊的所有權，但是在此之後三個月，詹姆斯就去世了，拉菲酒莊被留給他的三個兒子。從此，拉菲酒莊就以羅斯柴爾德家族的五支箭作為標誌，更為拉菲酒莊蒙上一層神秘的面紗。

拉菲酒莊的葡萄種植採用非常傳統的方法，基本不使用化學藥物和化學肥料，而是以小心的人工呵護法，在葡萄完全成熟以後才會採摘。在採摘的時候，熟練的工人會在樹上採摘篩選，不好的不採。葡萄採摘以後、送去壓榨以前，會被更高級的技術工人進行二次篩選，確保被壓榨的每粒葡萄都達到高品質要求。在拉菲酒莊，每二～三棵葡萄樹才可以生產一瓶750mL的酒，酒莊一年的產量被控制在二萬至三萬箱。為了保護這些矜貴的葡萄樹，如果沒有總公司的特約，拉菲酒莊一般不允許別人參觀。

低調封閉的拉菲酒莊就像一座與世隔絕的村莊，帶著神秘的氣氛。但是，再堅不可摧的城堡也無法抵禦戰爭的陰雲。20世紀，拉菲酒莊經歷兩次世界大戰的衝擊。在二戰期間，拉菲酒莊被德國軍隊佔領，他們把酒窖糟蹋得一塌糊塗。

1945年，拉菲酒莊重新回到羅斯柴爾德家族的手中，埃里成為酒莊的負責人。

埃里在接手拉菲酒莊以後，開始許多重建工程。1945年、1947年、1949年是拉菲酒莊的重要年份，在這幾年中出產的葡萄酒也成為拉菲酒的

經典。在酒莊恢復出產頂級酒的歷程中，埃里男爵扮演一個重要角色。1950年，埃里成為葡萄酒釀造者協會的創始人之一。

就在埃里經營拉菲酒莊的同時，羅斯柴爾德家族的成員還在管理另一個酒莊，這個酒莊也在波爾多地區，就是近在咫尺的木桐酒莊。

一段時期以來，圍繞著拉菲酒莊和木桐酒莊，家族內部出現競爭。管理木桐酒莊的菲利普曾經抱怨埃里，認為木桐酒莊和拉菲酒莊的關係是毀在埃里的手上。也許是埃里的好勝心太強，木桐酒莊也成為競爭對手。

木桐酒莊的歷史，要追溯到波旁王朝時期。羅斯柴爾德家族深知太陽王路易十四喜好葡萄酒，就購置葡萄園並且開始釀酒進貢給王室。1853年，南森尼爾購買木桐酒莊。

木桐酒莊的葡萄酒以赤霞珠葡萄為主，這些酒得到路易十四的認可，很長一段時期裡，太陽王只喝木桐酒莊的酒。為此，路易十四將尼古拉·普桑的名畫《酒神節》賜給羅斯柴爾德家族。

後來，這幅畫被羅斯柴爾德家族捐贈給羅浮宮，但是木桐酒莊與藝術的融合沒有就此完結。1804年，西班牙畫家哥雅在波爾多遊歷，在木桐酒莊住了一個月，創作出著名的《裸露的馬哈》。後來，盧梭、米勒、塞尚、庫爾貝也入住木桐酒莊。

但是，木桐酒莊真正讓人關注還是從菲利普經營的時候開始。出生於1902年的菲利普，是亨利最小的兒子，天生熱愛藝術，是一個活躍的戲劇家，創作大量的劇本，也是許多部電影的製作人。

1914年，第一次世界大戰爆發，年僅十二歲的菲利普，被派到波亞克區看管酒莊，正是在那個時候，菲利普愛上鄉村生活以及葡萄酒生意。從1853年獲得這個酒莊之後，菲利普的祖父和父親對於經營酒莊的熱情不高，讓人以為羅斯柴爾德家族的貴族血統似乎無法從事被泥土浸染的酒莊

生意，但是菲利普卻把這個酒莊看成自己的生活。

　　1924年，菲利普的創作熱情開始在酒莊經營上顯現。他突發奇想，把酒莊的葡萄酒瓶裝以後進行售賣，這個想法很快被其他酒莊效仿。以前，法國的酒莊通常是把葡萄酒整箱地賣給批發商，批發商再負責裝瓶、貼上標籤的工作。事實證明，菲利普的突發奇想，不僅使酒莊控制最後瓶裝酒的品質，也實現一種品牌行銷。木桐酒莊也由此提升在波爾多地區的影響力。

　　為了慶祝第一瓶瓶裝酒的誕生，菲利普邀請古巴著名的海報設計師讓‧卡路為這瓶酒設計一款至今看來也很另類的酒標。這是世界上第一張由藝術家設計的酒標，從此以後，菲利普每年都會請一位世界著名的畫家為酒莊設計並且繪製酒標。赫赫有名的畢卡索、達利等著名藝術家，都在木桐酒莊的酒標上，留下他們的作品。現在，木桐酒標的設計傳統已經延續下來，成為木桐酒莊一個精緻又前衛的特殊文化符號。

　　在此之後，菲利普又制定一套葡萄酒的定價系統，這套體系在波爾多高級葡萄酒製造商中很快被普及。

　　20世紀30年代，木桐酒莊的一次葡萄種植沒有獲得令人滿意的優質葡萄原料，這時的菲利普做出一個大膽的決定：拋棄以前的「木桐-羅斯柴爾德」商標，改用「木桐嘉棣」商標。1932年，菲利普開始售賣這種次等品質的葡萄酒，這個舉動為木桐酒莊開闢低價市場。

　　事實證明，這種低價產品是如此地受歡迎，以至於菲利普只能去波爾多的其他葡萄酒莊採購葡萄，以滿足巨大的市場需求。今日，木桐嘉棣是波爾多地區最成功的葡萄酒品牌。

　　在20世紀70年代，菲利普又設計一款透過郵寄訂貨的葡萄酒品牌——男爵古堡。菲利普在葡萄酒產業投入巨大的熱情與創造力，以至於把自己

的回憶錄命名為《我的紅酒》——這本書由菲利普的好朋友、英國導演利特伍德進行編輯。

在羅斯柴爾德家族內部，兩個酒莊之間的競爭一直存在著。

很多人認為拉菲酒莊是至高無上的，但是必須承認，菲利普為木桐酒莊投入巨大的熱情。1973年，木桐酒莊終於正式升級為一級葡萄莊園，這是波爾多分級以後唯一升級為一級的葡萄莊園。當然，這是在獲得拉菲酒莊的贊同票的情況下，菲利普已經等了這張贊同票二十多年。

第二個蘇伊士

在羅斯柴爾德家族位於倫敦的辦公大樓裡，銀行家們每天上午十點半才會來到辦公室。經歷兩次世界大戰的動盪之後，銀行家們似乎對於當下的生意產生聽天由命的情緒，金融街充滿昏昏欲睡的氛圍。

二戰以後，各國的經濟和政治實力發生重大變化：德、義、日是戰敗國，國民經濟被破壞殆盡；英國經濟在戰爭中遭到重創，實力大為削弱；美國經濟實力卻急劇增長，成為當時世界上最大的債權國。從1941年3月11日到1945年12月1日，美國根據「租借法案」向盟國提供價值500多億美元的貨物和勞務。隨著盟軍勝利地位的確立，黃金源源不斷地流入美國，美國的黃金儲備約佔世界黃金儲備的59%，美國登上世界盟主地位。美元的國際地位因其黃金儲備實力而空前穩固，使得建立一個以美元為支柱的、有利於美國對外經濟擴張的國際貨幣體系成為可能。

1944年7月，在美國新罕布夏州的布列敦森林召開由四十四個國家參加的國際貨幣金融會議，會議通過「布列敦森林協定」，建立金本位制崩潰以後的第二個國際貨幣體系。在這個體系中，美元與黃金掛鉤，美國承擔以官價兌換黃金的義務；各國貨幣與美元掛鉤，美元處於中心地位，美元充當世界貨幣的作用。在布列敦貨幣體制中，黃金無論在流通還是在國際儲備方面的作用都有所降低，使傳統的國際債券的發行空間非常有限，對於羅斯柴爾德家族來說，這是一個巨大的轉變。以前只是銀行第二線和

第三線業務的信用業務和承兌業務，開始受到更多的關注。無數次驚濤駭浪之後，這個古老的家族面臨全新的挑戰。隨著奧地利羅斯柴爾德家族淡出歐洲，遷往美國，二戰以後還在運行的只剩下英國與法國兩家羅斯柴爾德銀行。

這時，躊躇滿志的安東尼開始把目光投向海外。加拿大東北部的紐芬蘭，是一塊孕育著巨大資源的土地，對於羅斯柴爾德家族來說，這是一塊充滿機會的未知大陸。邱吉爾政府的能源部長向羅斯柴爾德家族拋出一個問題：「你們做成了蘇伊士，為什麼不再做一個紐芬蘭？」羅斯柴爾德家族又義不容辭地扮演曾經扮演過的角色。

邱吉爾與羅斯柴爾德家族的關係可以追溯到老邱吉爾時期，所以在邱吉爾這個帶有殖民主義色彩的遠大計畫中，羅斯柴爾德家族被看作是最合適的融資委託人。

1953年，英國紐芬蘭開發集團成立。經過勘測調查以後，開發集團劃定礦產和木材資源開發的區域，羅斯柴爾德家族參與1963年集團的債券發行。

也許是蘇伊士的成功已經深入人心，邱吉爾買下一萬股紐芬蘭公司的股票，但是邱吉爾的如意算盤沒有如願，這個計畫的推進不像當年的蘇伊士運河公司一樣讓人欣喜。

這個計畫遭遇來自魁北克政府的阻礙，魁北克政府控制通往紐約的跨境電纜線路，這個項目從一開始就陷入糾纏不清的政治紛爭中，而且註定會遭遇反殖民主義情緒的反抗，紐芬蘭公司最終失敗了。

這個計畫可以看作是羅斯柴爾德家族一次悻悻的回望，那個時代再也回不去了。1955年，安東尼不幸中風，這場病讓他提早退休。六年之後，他離開人世，羅斯柴爾德英國公司的工作交由他的兒子伊夫林和維克多的

大兒子雅各負責。羅斯柴爾德家族經歷過戰爭，走過艱難的歲月，現在要靠這兩個年輕人闖蕩，尋找新的業務。

當時，在倫敦金融區一平方英里的街區裡，密密麻麻地擠滿眾多有影響力的商業銀行。身處這個商業場所，任何一家銀行發生什麼事情，拿到什麼合約，都瞞不過周圍那些虎視眈眈的同行們。這也使得這個金融「四合院」裡的英國商業銀行風氣保守，視信譽高於一切。許多生意的達成，不需要簽什麼合約，只要當事人口頭達成協議，雙方就會照此辦理，絕對不會失信於人。

這些聳立在倫敦金融區的老牌銀行中，羅斯柴爾德銀行是信用的楷模。它有鐵一樣的紀律和傳統，兩百多年來從未動搖過。正因為如此，它開始自己的創新旅程，註定要在業界激起強烈的反應。

變革者

　　第一個帶領羅斯柴爾德家族大膽革新的人，是羅斯柴爾德家族英國分支的開創人南森的玄孫伊夫林，他出生於1931年，曾經在劍橋大學的三一學院學習歷史，後來中途退學。伊夫林主持許多改革，是一個堅定的革新派。根據老羅斯柴爾德去世之前的遺囑「所有家族銀行中的要職必須由家族內部人員擔任，絕對不用外人」，在大約一百七十年的歷史中，羅斯柴爾德家族一直採用家族經營的方式。在決策階層中，甚至堂兄表弟也不能插手事務，更不要說外姓人員。如果其他銀行提供「向能人開放的事業前景」，想要留住有能力的員工就會變得越來越困難。二戰以後，在新崛起的紐約華爾街上，大量銀行和投資公司採取分股讓權的方式（公司老闆會把一部分股權分給得力能幹的外姓經理，使其成為合夥人），使企業獲得持續發展力，高盛集團在二戰以後就是採取這樣的方式。

　　1960年，伊夫林打破羅斯柴爾德家族的家規，破天荒地引進異姓人士擔任董事。當年7月，大衛・柯維爾成為第一位進入合夥人行列的非家族成員。1961年9月，總經理麥可・巴克斯得到類似的升遷，隨後在1962年4月，經驗豐富的稅務律師菲利普・謝爾本也獲得相似的待遇。

　　1970年，為了吸引更多年輕、有才華的員工到家族銀行工作，伊夫林改變家族式的合夥人制為有限責任公司制，並且規定只要員工業績優異，就可以很快升到高級經理的位置，甚至進入董事會。在改制為有限責任公

司以後，羅斯柴爾德家族依然保持對銀行的絕對控制權，95%的銀行股份為家族所有。改制以後，銀行董事會迅速擴大到二十九人，其中只有四位是家族成員。從1960年開始的改革還包括引進電腦、在媒體上做廣告、以公開的方式招考員工……

羅斯柴爾德公司從合夥人制到公司制的轉變，象徵另一個時代的來臨。

20世紀70年代中期，在伊夫林的盛情邀請下，雅各加盟家族銀行。和父親維克多一樣，雅各充滿創新意識但是步伐穩健。除了繼承父親維克多嚴謹縝密的數學頭腦，他還有鋼鐵般的意志，愛恨分明，是一個精力旺盛的「幕後操縱者」。他有橢圓形的長臉、高前額、鷹一般犀利的眼睛，擅長捕捉任何投資機會。

在伊頓公學與牛津大學接受良好教育之後，雅各沒有急於進入家族銀行，而是先去夜校速成班學習會計，接著在倫敦金融圈的一家銀行做短期見習生，然後到美國摩根史坦利證券公司工作很長一段時間。完成這三門自我設計的金融業入門課程以後，雅各已經非常瞭解現代金融業的經營模式與發展潮流，此時的他胸有成竹地跨入家族銀行的大門，並且迅速成為其中的核心人物。

1965年，雅各為羅斯柴爾德銀行做出這樣的聲明：「像過去成為金錢的銀行一樣，現在我們必須盡力使自己成為大腦的銀行。」在他看來，商業銀行必須主動創造客戶，不能被動等待客戶上門；銀行要轉變職能，不僅要為客戶提供資金，還要提供諮詢，有時候後者比前者更可以為銀行創造豐厚的利潤。

雅各上任伊始，親手創建羅斯柴爾德銀行的併購部，率領銀行向現代金融業的最高領域——企業併購進軍。併購部成立僅僅一年，就做成許

多筆生意，其中有協助雪爾靈公司併購哈韋公司，指導英國最大的地產公司——大都會不動產公司——成功擊退法、德財團的惡意收購。併購部還幫助家族直屬的、南森創立的皇家太陽保險公司併購三十多家來自英國及歐洲其他國家的同業，使公司的市值增加到10億英鎊。

在轉型戰略的指導下，羅斯柴爾德銀行成立投資信託基金RIT，基金總額為300萬英鎊，其中三分之二的資金來自羅斯柴爾德家族以外的投資人。在此基礎上，雅各開始新一輪的征戰史，RIT的投資範圍幾乎涵蓋所有的行業，從石油和天然氣到旅館和拍賣行。1970年，RIT的規模達到600萬英鎊。

融資一直是英國羅斯柴爾德銀行最拿手的生意，在雅各的整頓下，這個業務也煥發出蓬勃生機。銀行為客戶安排的融資總額，以每年10億英鎊的速度增長。客戶名單上有荷蘭殼牌石油公司、英美菸草公司、歐洲家電鉅子飛利浦公司，英國政府也是羅斯柴爾德銀行的常客。1970年保守黨上台以後，英國政府委託羅斯柴爾德銀行負責將前工黨政府創建的大型國營企業「工業重組公司」私有化。英國勞斯萊斯公司因為經營不善而破產的時候，破產經紀人首先想到請羅斯柴爾德銀行為公司最賺錢的轎車部門尋找買主。

與控制欲極強的美國金融家不同，謹慎穩健的羅斯柴爾德銀行不尋求投資企業的絕對控股權。雅各認為，這樣做可以使銀行用較小的投入獲取最大的利潤，也可以使銀行在企業陷入不景氣的時候迅速脫身。在他的領導下，羅斯柴爾德投資基金很少有被套牢的時候。僅僅兩年，基金的市值從500萬英鎊上升為8000萬英鎊。

由於雅各的決策果斷精準——這一點像極了當年的南森，以至於銀行的許多老員工驚呼，雅各簡直是英國羅斯柴爾德家族的開創者南森再世！

但是，母公司N.M.羅斯柴爾德公司在1975年將RIT基金所持公司股份削減到9.4%，而且隨著另一家信託公司收購RIT25%的股權，N.M.羅斯柴爾德公司與RIT的連結已經不多，這似乎成為日後雅各出走的前奏。

但是，在羅斯柴爾德家族公司金融服務的過程中，商業環境沒有規範，導致生意險象環生，公司負責的第一件併購案就遇到羅伯特・麥斯威爾，一個充滿爭議的人物。

1969年，著名插畫家索爾・斯坦伯格旗下的公司想要收購英國傳媒巨頭麥斯威爾的佩加蒙出版社，索爾・斯坦伯格由於為《紐約客》雜誌創作插畫而聞名。在這筆交易案中，羅斯柴爾德銀行負責提供諮詢服務。

1969年6月6日，麥斯威爾與索爾・斯坦伯格在羅斯柴爾德兄弟公司的辦公室裡愉快地合影，對即將到來的合作充滿期待，但是這筆交易被證明是一筆存在欺詐的交易。在這筆交易案中，索爾・斯坦伯格認為麥斯威爾過於抬高這家出版社的預期收入，使這家出版社受到交易委員會的調查。這次事件最終導致麥斯威爾失去對佩加蒙出版社的控制權。

羅伯特・麥斯威爾是以色列復國事業的積極支持者，因而與羅斯柴爾德家族關係密切。1988年，羅斯柴爾德銀行在紐約的分支為羅伯特・麥斯威爾收購美國出版巨頭麥米倫公司提供諮詢服務，這筆交易價值總額達到20億美元，但即使是這樣的數額，在華爾街仍然是小買賣。

泛歐洲大陸計畫

　　羅斯柴爾德家族除了開發和提升其轉型公司的併購諮詢業務之外，在銀行業也積極地投資實業，密切關注可以獲得巨大收益的高成長行業，特別是傳媒和電信領域。作為金融家的羅斯柴爾德家族，清楚地明瞭資訊在金融市場發揮的巨大影響力，市場恐慌經常是壞消息帶來的，在一定意義上說，資訊就是金融市場的風向標。在這種預期下，羅斯柴爾德銀行投資英國第一批的獨立電視台ATV，同時伊夫林成為《經濟學家》雜誌公司的董事會成員。甚至有傳言宣稱，羅斯柴爾德家族在1888年買下路透社的全部股份。在羅斯柴爾德家族金融帝國的背後，是羅斯柴爾德家族小心翼翼建立的媒體帝國。

　　羅斯柴爾德家族在20世紀做出的很大一部分努力，都是為了從為國家發行債券的單一業務中轉型出來。除了體系的束縛，二戰在很大程度上摧毀羅斯柴爾德銀行的國際體系，其跨海峽商業能力已經大不如前，各個分支機構處於分崩離析的狀態。

　　但是，在這種被割裂的現實狀態下，羅斯柴爾德家族沒有丟棄一個願望——一個統一的泛歐洲大陸的計畫。

　　20世紀70年代，隨著歐洲聯盟法案得到議會的批准，羅斯柴爾德家族進行一次有力的嘗試。為了可以讓更多的英國投資人投資歐洲的債券，羅斯柴爾德家族設想一種稱為「歐貨幣」的新貨幣，這個設想後來成為歐

元誕生的雛形。在這個設想下，羅斯柴爾德為大都會不動產公司發行價值2000萬歐幣的債券，英國媒體《每日電訊報》聲稱：「這是一種令人鼓舞的、朝著貨幣聯盟邁進的一次民間的嘗試。」羅斯柴爾德家族被冠以「歐洲共同體銀行家」的稱號。

1962年，羅斯柴爾德法國分支和倫敦銀行之間的聯繫開始變得頻繁，法國分支的蓋伊・羅斯柴爾德創建一個名為「五箭」的公司，新公司投資60萬英鎊。事實證明，這個舉動促進羅斯柴爾德家族的團結。同時，羅斯柴爾德家族成立一家名為「泛大陸」的銀行，這個銀行集結英國和法國的力量，還吸納來自於愛德蒙在日內瓦創建的私有銀行的力量，泛大陸銀行成為羅斯柴爾德家族全球戰略中的主要組成部分。在這段期間，羅斯柴爾德泛大陸銀行參與為墨西哥融資一億元的項目，在1970年，還為韓國和菲律賓兩國承擔融資業務。

但是，1973年中東戰爭爆發，徹底改變泛歐銀行的命運。中東戰爭爆發，導致石油價格大幅度上漲，形成世界性的能源危機。石油輸出國將會從石油危機中獲取的大量利潤投資於歐洲市場，這就是國際金融市場的一個巨大力量——「石油美元」。

從理論上說，這股熱錢對於像羅斯柴爾德家族這樣的跨國金融機構來說是一個利多，因為這筆錢需要透過跨國銀行機器的跨海運轉能力借給那些被石油危機拖累的石油消費國，但是現實的情況是，羅斯柴爾德家族沒有從這股「石油美元」中撈到什麼好處，其中的原因是：在1963年，阿拉伯聯盟已經把羅斯柴爾德銀行列入黑名單。阿拉伯聯盟的激烈反應，是對羅斯柴爾德家族在以色列猶太復國運動中扮演的角色的一次清醒的報復。

1975年，羅斯柴爾德家族將泛歐銀行出售給美國金融巨頭美國運通公司。這次出售，表示羅斯柴爾德家族全球戰略的再次停滯。英國和美國分

支之間的合作減少，英國和法國分支也將在即將到來的國內形勢下各自迎來一次深刻的變革。

20世紀70年代，瑪格麗特·柴契爾上台，有「鐵娘子」之稱的柴契爾夫人強烈反對政府干預市場，這個經濟主張對倫敦金融城的業務型態產生巨大的影響力。

這時，雅各認為RIT羅斯柴爾德信託基金的規模已經遠遠超過母公司，目前銀行的結構束縛RIT業務的發展，想要尋求與一家成立不久的年輕銀行——S.G.沃伯格進行合併，這個計畫被命名為「戰爭與和平」。但是，這個計畫遭到另一個合夥人伊夫林的反對，雅各的父親維克多也對合併表示不滿，因為在他們看來，合併以後，羅斯柴爾德家族公司不再是一家私人企業，他們將會失去對企業的絕對控制權。

至今為止，羅斯柴爾德家族的銀行拒絕上市，表示它們根本不用公布年報。只有家族核心成員清楚地知道，他們在地球上總共投資多少生意，賺了多少錢。兩百多年以來，羅斯柴爾德家族一直堅持私人銀行的操作方式，並且以這種方式繼續經營下去。

這個分歧最終導致雅各的離開，他繼而創建J.羅斯柴爾德公司，N.M.羅斯柴爾德公司由伊夫林執掌。接下來，伊夫林準備做什麼？有人說雅各的出走對於N.M.羅斯柴爾德公司來說是一個致命的打擊，而且人們也不知道伊夫林的頭腦中有何打算。

但是，隨著20世紀80年代由柴契爾政府主導的私有化運動的不斷推進，這一切變得清晰起來。

受益於羅斯柴爾德家族在19世紀取得的成功，1971年，希思政府授權羅斯柴爾德家族出售產業重組的公司，一年以後，N.M.羅斯柴爾德公司代表政府出售勞斯萊斯汽車公司，由於沒有獲得超過預期的出價，公司只能

向公眾出售股票。這些業務為羅斯柴爾德家族參與政府事務累積寶貴的經驗。

　　1976年，英國能源部準備出售北海油田的股權，這個計畫加深羅斯柴爾德家族與英國政府的聯繫，羅斯柴爾德倫敦銀行甚至招募前農業部長、前統計局的官員，以共同推進這場私有化運動。羅斯柴爾德家族與政府之間絲絲縷縷的關係，也為反對黨提供源源不斷的攻擊藉口。但毋庸置疑的是，這場發生在20世紀末、公共領域向私人資產的轉移是世界經濟中一次重要的革命，N.M.羅斯柴爾德公司在這場變革中發揮重要的作用。

　　就在羅斯柴爾德倫敦銀行忘我地投入這場轟轟烈烈的私有化運動的時候，羅斯柴爾德家族在法國卻遭遇完全相反的命運，面對即將到來的法國國有化浪潮，羅斯柴爾德家族在瑟瑟顫抖。

消失的法國羅斯柴爾德

　　1967年，蓋伊坐在位於巴黎的辦公室裡，正在為銀行每天不斷增加的存款數目感到欣喜。羅斯柴爾德巴黎銀行正在從最廣泛的地區、最廣大的使用者那裡，募集越來越多的流動資金。從這一點上說，「五箭」公司變成一家真正意義上的銀行。這種轉變，是羅斯柴爾德家族為了應對法國不斷崛起的股份制銀行的競爭而採取的措施。

　　1953年，蓋伊將羅斯柴爾德法國分支併入一家獨立的投資基金——北方信託公司。到了1964年，北方信託公司已經擁有116家企業，這些企業涉及各行各業，從冷藏到建築行業，礦業和能源行業仍然佔到很大的比重。

　　北方信託公司有兩萬多個股東，羅斯柴爾德家族只擁有30%的股份，但是只要羅斯柴爾德家族還控制北方信託公司，北方信託公司的民主性就只是一種名義上的，這場私有制與股份制之間的競爭曠日持久。

　　1969年，喬治・讓・龐畢度當選為法國總統，為羅斯柴爾德銀行在法國的勢力提供巨大的想像空間。

　　龐畢度與羅斯柴爾德家族的關係，依據官方的資料可以追溯到1954年。羅斯柴爾德家族曾經雇用龐畢度管理一家下屬企業，龐畢度只是一個卑微的辦事員。戴高樂成為第五共和國總統的時候，龐畢度離開羅斯柴爾德銀行，擔任戴高樂政府辦公室主任，幫助戴高樂起草第五共和國的憲法。憲法修訂完畢以後，龐畢度又回到羅斯柴爾德銀行。當時，法國政府

正在為阿爾及利亞的政治危機而焦頭爛額，龐畢度在1961年出面，秘密與阿爾及利亞政府進行溝通。1962年，龐畢度重返政壇，他的身分已經變為戴高樂第二任政府的總理。1968年爆發的「五月風暴」將戴高樂逼下台，龐畢度出面進行協調，為他走上總統的職位鋪平道路。1973年，法國國民議會通過一個法案《銀行法》，這個法案也被稱為「1973年1月3日法」。新的法律規定，「禁止國家直接向中央銀行借款」，國家「必須向私人銀行進行有息貸款」。毋庸置疑，這部銀行法為羅斯柴爾德家族發展業務提供更大的空間。事實上，這部銀行法還有一個名字「龐畢度-羅斯柴爾德法」，從這個法案的名字不難看出，這個法案實際上主要是在龐畢度和羅斯柴爾德家族的宣導下實施。

但是，就在羅斯柴爾德家族的法國業務有條不紊地向前推進的時候，一場危機正在醞釀。

1981年5月，密特朗就任法國總統，法國國有化的步伐更堅實。密特朗提出並且實施許多社會經濟改革政策，1982年2月11日通過的擴大國有化政策是其核心，這個政策也成為社會黨政府賴以實行「法國式的社會主義」的槓桿。在這股國有化的浪潮中，政府要求存款超過10億法郎的銀行都要變成大眾持股的企業。

1971年，密特朗當選為法國社會黨第一書記，在經濟上主張在不消滅私有制的基礎上，透過國有化、計畫化、「自治管理」等措施，對法國經濟實行漸進式結構改革。

二戰爆發以前，法國政府曾經實現一次經濟國有化，那是在1936—1937年的人民陣線政府時期，人民陣線是工人階級政黨和中產階級政黨為保衛民主制和防禦法西斯進攻而結成的聯盟。當時，人民陣線的領導人是萊昂·布魯姆，他也是一個猶太人。這個政府為了應付緊迫的戰爭形勢，

對鐵路實行國有化，並且採用強硬的政策對一些軍備工業實行國家管理，對許奈特兵工廠、蒙契吉兵工廠、雷諾坦克廠實行國有化，同時還控制兩家飛機製造廠。

面對20世紀80年代前期的擴大國有化浪潮，羅斯柴爾德家族試圖透過拆分產業以躲避這場運動，但是卻無法倖免。在發表於法國《世界報》的一篇文章中，蓋伊聲稱「我真是受夠了」，最後他氣憤地躲到紐約。

這次國有化運動基本上採取贖買的方法。所謂「贖買」，就是國家出重金賠償被收購私有企業的資本家，使資本家們拿這筆錢去經營其他事業。這項法令激起法國資本家的強烈不滿，法令的實施是對所有資本家事業的終結性審判。

當時，法國通用電氣公司（CGE）總裁魯瓦茲‧魯對於蔓延法國的左翼運動進行強烈的反抗。CGE是電信巨頭阿爾卡特的前身，1898年，法國工程師皮埃爾‧阿扎里亞創建CGE，目標是打造出法國的西門子和通用電氣。

魯瓦茲‧魯曾經是龐畢度在商業上的導師，此次不遺餘力地為自由化的企業製造輿論和付出行動。因為看重羅斯柴爾德家族的名望，魯瓦茲‧魯利用這個家族的影響力和號召力組成「反紅色聯盟」。

「反紅色聯盟」周邊聚集法國商業社會中的重要人物，歐洲的金融家戈德史密斯是他們共同的朋友。這位激進的企業家，十六歲的時候從伊頓公學退學，退學的原因是他中了賽馬賭注，決定從此享樂人生。在逝世之時，他已經是一個億萬富翁，也是一個狂熱的反對國有化的激進份子。

在魯瓦茲‧魯團結的這些人之中，還包括愛德華‧巴拉杜，他曾經是龐畢度政府中的一員。1986年，在席哈克總理第二屆內閣中擔任財政部長期間，他曾經提出雄心勃勃的私有化計畫。隨著這個計畫的實施，法國的

社會生活迎來重大改變。

　　羅斯柴爾德家族對於遭遇的這次政治打擊感到十分悲痛，從這場悲痛中舒緩過來的出路只有註冊新的公司。經過三年的時間，一個新的羅斯柴爾德巴黎銀行建立了。法國政府勉為其難地發給羅斯柴爾德家族一張銀行的執照，但是按照禁令，羅斯柴爾德家族不能使用自己家族的名字。儘管如此，1984年成立的時候，這家銀行卻是一個真正的跨國實體，羅斯柴爾德家族的各個分支佔有一定的股份，形成以英國為中心、跨越多個區域的金融公司。隨著法國社會黨在政治上的失利，1986年10月，銀行開始正式使用羅斯柴爾德家族的名字，變身為羅斯柴爾德聯合銀行，羅斯柴爾德家族又走到一起。

　　羅斯柴爾德家族一直在試圖打造一種公司架構——一個緊密交織的由家族控制的公司集團，把各個代理商分派出去。19世紀，梅耶·阿姆謝爾在創建這個公司體系的時候，羅斯柴爾德銀行主要為各個國家擔當融資的工作，而且因為「國家」一詞在羅斯柴爾德家族那裡是一個模糊的概念，所以羅斯柴爾德家族一定程度上充當國家之間外交官的角色。現在，羅斯柴爾德銀行的外交角色弱化，羅斯柴爾德巴黎銀行的資金實力在法國金融街只是一個攤販級別。在一家保持獨立的、家族擁有至高控制權的公司中，如何實現全球化的版圖擴張，羅斯柴爾德家族的銀行一直在探索這樣的可能性。

第十章：跨越新紀元

1990～2020

以金融為支點的多元化投資

　　我們的所見所聞只是羅斯柴爾德家族神秘的冰山一角，他們越是低調神秘，人們越是好奇，想要一探究竟。公眾最關心的問題是：所有的傳說已經成為歷史，今天的羅斯柴爾德家族到底有多麼富有？他們在世界哪些地方從事什麼行業？

　　對於羅斯柴爾德家族的財富問題很難準確回答，梅耶・阿姆謝爾・羅斯柴爾德在世的時候立下祖訓：不能對外公開財產。後輩為了恪守祖訓，所有業務都沒有上市，就是避免公布財產。而且，經過兩百多年的發展，羅斯柴爾德家族的業務錯綜複雜，後代遍布全球，很難測算資產和財富。

　　不過，可以作為參照的是，1868年羅斯柴爾德家族法國分支掌門人詹姆斯去世的時候，其遺囑財富高達11億法郎（約合4400萬英鎊，不包括不動產），佔法國當年GDP的4.2%，堪稱富可敵國。但是到20世紀初，南森・梅耶・羅斯柴爾德1915年逝世的時候留下的財富為250萬英鎊，摩根家族掌門人皮爾龐特・摩根1913年去世的時候資產為1400萬英鎊，是南森・梅耶的5.6倍。可見，此時全球的金融掌控者已經易主，羅斯柴爾德家族不再是傲視群雄的財富豪門。

　　但是，羅斯柴爾德家族的財富實力依然不可小覷，不像某些人傳言所說這個家族已經衰敗，一個可以佐證的史實是：在2019年富比士全球富豪榜中，有兩位羅斯柴爾德家族成員上榜，傑夫・羅斯柴爾德以27億美元位

列第838名，班傑明・羅斯柴爾德以17億美元位列第1349名。由此可見，羅斯柴爾德家族也在與時俱進，到了21世紀有人願意公布財富，儘管今日其財富量級不可與當年同日而語。

關於羅斯柴爾德家族全球產業布局的話題眾說紛紜，但是根據金融機構公開的研究報告顯示，羅斯柴爾德家族基本上以金融服務為基礎，涉足葡萄酒、礦業、不動產和藝術品等多個領域的投資。

自從老梅耶替威廉王室理財放貸，及至為歐洲的皇室、政府首腦、教宗等權貴提供財務諮詢業務，羅斯柴爾德家族幫人們管理財富已經有兩百年的歷史。家族的核心經營觀念就是幫人們管理財富，擔當財務顧問，提供金融諮詢，他們把這些看成是最好的生意。羅斯柴爾德家族在金融領域的業務，主要包括全球財務顧問、機構資產管理及財務管理、信託三大方面。

二戰結束以後，英國羅斯柴爾德家族更多地介入資產管理業務領域，並且獲得不俗的業績。後來，這些業務全部移交給一家新成立的子公司——羅斯柴爾德父子有限公司（N.M.Rothschild & Sons Limited）。1963年，羅斯柴爾德父子公司為一家國有的南威爾斯鋼鐵集團公司擔任諮詢顧問，在競標中成功地擊敗對手，拿到懷海德鋼鐵公司。到了1968年，羅斯柴爾德父子公司在金融城併購聯盟中排名第八，總共進行五項交易，交易總值達3.7億英鎊。

羅斯柴爾德集團是一家法國金融控股公司，股票在巴黎證券交易所上市，起初只是一家法國鐵路公司，如今為世界各國政府、公司、個人提供戰略、併購、財富管理、籌資諮詢等服務，2014年在全球有2853個員工，2015年收入為14.03億歐元，總資產為52.1億歐元。

愛德蒙羅斯柴爾德集團位於瑞士，前身是LCF羅斯柴爾德集團，致力

於私人銀行和資產管理方面的經營，私人銀行為家族財富和企業家提供「一站式」服務，包括投資組合管理、財富管理、家庭辦公室、慈善事業諮詢等服務。資產管理為個人投資者和機構投資者提供服務，2018年管理的資產為91億瑞士法郎（約82.7億歐元）。

RIT資本公司是雅各・羅斯柴爾德1980年從家族獨立出來以後創辦的投資信託，三分之二的資金來自外部投資人，專注於標準化產品和長期投資，自從1998年以來，實現12.1%的年化報酬率。2012年，RIT資本公司和洛克菲勒金融服務公司成為戰略合作夥伴，全球兩大豪門家族走到一起。RIT資本公司在倫敦證券交易所上市，市值約為30億英鎊。

羅斯柴爾德家族還控制皇家太陽保險公司，併購歐洲三十多家保險公司之後，公司市值達到十幾億美元。

在葡萄酒領域，羅斯柴爾德家族有三大分支：拉菲羅斯柴爾德集團擁有拉菲古堡，羅斯柴爾德男爵集團持有木桐酒莊，愛德蒙羅斯柴爾德集團也是世界頂尖葡萄酒品牌，這三大品牌在葡萄酒界舉世聞名。

在礦業方面，佔全球鐵礦石市場比例70%的三巨頭必和必拓、力拓、淡水河谷，以及主導全球鑽石產量40%的南非鑽石商戴比爾斯，還有法國礦業公司Eramet、Imerys和俄羅斯鋁業，都與羅斯柴爾德家族有千絲萬縷的關係，例如：RIT資本公司持有價值125萬英鎊的力拓股票。

在不動產領域，羅斯柴爾德家族在歐洲各地建造四十四座莊園，其中包括英國白金漢郡的沃德斯登莊園，它是目前唯一一座收藏品完好無損而且向社會開放的莊園，堪稱世界上最大的藝術品博物館之一。雖然莊園已經被捐贈給英國國家名勝古蹟信託，但是仍然由家族成員雅各・羅斯柴爾德管理。

在藝術品收藏方面，羅斯柴爾德家族透過購買收藏、贊助藝術家、捐

贈等方式，在藝術品收藏領域實力雄厚。家族早期成員出於投資考慮，傾向於收藏繪畫大師的作品。後代偏向將藝術品用於欣賞與慈善事業，捐贈大英博物館許多珍貴的藝術品。

「我們有祖訓，不對外談論錢的數量，不透露財產有多少，今天我們如果再去整天數錢，已經不是很有意思或是很好玩的事情。」大衛·羅斯柴爾德說，「家族的傳統投資領域是葡萄酒、藝術、銀行，後來還投資鐵路和礦產等自然資源。我們從來不會把投資放在一個籃子裡，會進行多元化的投資，所以很難瞭解家族的財富總值，但是在傳承傳統投資的同時，我們也會不斷適應時代的發展，進行新的投資。」

今天的羅斯柴爾德家族雖然不像《貨幣戰爭》鼓吹的那樣強大，也沒有往昔的輝煌，但依然是世界上最富有的家族之一。

放棄掌控兩百年的黃金定價權

　　2004年，羅斯柴爾德家族第五代掌門人伊夫林・羅斯柴爾德退休，英國和法國分部合二為一，稱為「羅斯柴爾德集團」。

　　自從2001年「9・11」事件爆發以來，恐怖活動對全球金融市場產生強烈衝擊與深遠影響。再加上種族與宗教衝突加劇，國際政治局勢動盪不安，全球經濟陷入長期的不景氣與不確定之中。為了應對國際金融監管不斷變化的要求，同時為了削減成本和整合資產，羅斯柴爾德家族實現合併。

　　伴隨著這次整合，大衛・羅斯柴爾德正式接替伊夫林・羅斯柴爾德，執掌這個綿延兩百多年的金融豪門。

　　大衛出生於二戰期間的1942年，當時他的父親蓋伊・羅斯柴爾德為了躲避納粹對猶太人的迫害，從巴黎逃往紐約。大衛出生以後與母親留在紐約，父親前往英國參加抵抗納粹的戰鬥，直到戰後才舉家遷回巴黎。

　　1966年，大衛畢業於巴黎政治學院，進入羅斯柴爾德家族旗下的佩尼亞羅亞礦產冶金公司工作，後來被派往家族的一家銀行繼續訓練。

　　噩運在1982年到來，新當選的法國總統密特朗推動議會通過一個全新法案，把銀行全部收歸國有化。羅斯柴爾德銀行也未能倖免，大衛感到憤怒與無奈，他說：「我們只能從兩百年以前我的祖先創辦的銀行搬到一個非常小的辦公室，只剩下我和父親還有我們的秘書，總共四個人。」

政府還頒發一條禁令：羅斯柴爾德家族數年之內不准以羅斯柴爾德的商號創辦銀行。此時，羅斯柴爾德品牌已經傳承五代，享譽全球，卻被政府剝奪使用家族招牌的權利。大衛覺得非常不公平，「就是它太不公平了，反而讓我們更有發展的動力」。1984年，大衛和同父異母的弟弟愛德華以及堂弟埃里克，創建一家全新的銀行——「PO銀行」。

大衛說：「當時，法國的私人銀行被國有化，不是出於經濟和市場的原因，而且被國有化的銀行與我將要創辦的私人銀行完全不同，與英國的私人銀行也完全不同，所以當時的國有化反而為我們創造一個機會，讓我們可以整合英法銀行之間的優勢。」

儘管重新起步的PO銀行創業維艱，員工不多，但是每個員工都是大衛親自挑選的。在歐洲金融圈，他以擅長「挖牆腳」而聞名，即使在競爭對手諸如摩根史坦利這樣的大傢伙面前，他也毫不示弱。1986年，密特朗代表的社會黨失去政權，大衛想盡辦法獲得一個新的銀行執照，重新使用家族的名字。經過二十六年的發展，到了2010年，大衛領導的羅斯柴爾德銀行已經成為法國最成功的投資銀行之一，擁有超過650個員工。

當然，這些都是後來的成就。大衛上任第二年，就做出一件驚天動地的大事，對全球金融體系產生巨大震動。

2004年4月14日，大衛突然宣布：退出倫敦黃金定價體系。

就這樣，羅斯柴爾德父子公司把定價席位賣給巴克萊集團，表示羅斯柴爾德家族放棄他們掌控將近兩百年的黃金定價權。

英國《金融時報》在4月16日發表評論：「我們看到令人尊敬的羅斯柴爾德家族從黃金市場中退出，號稱最忠實的『黃金蟲子』的法蘭西銀行必須斟酌它的黃金儲備，黃金作為投資品已經更接近它的盡頭。」

1944年，經濟學家凱因斯在英國上議院發表演說的時候說：「（黃

金）這個『野蠻的遺跡』正在走進歷史的塵封。」當時，他的言論在金融市場並未掀起波瀾。但是，大衛宣布放棄黃金定價權的時候，黃金儲備量位於世界前列的法蘭西銀行開始擔憂自身的黃金儲備，人們猜測黃金作為投資品的時代是否已經走到盡頭。

自從1815年羅斯柴爾德家族從拿破崙滑鐵盧之戰中奪取黃金定價權以來，已經過去將近兩個世紀。1919年9月12日，現代黃金定價體制建立，巴克萊集團、德意志銀行、匯豐控股、加拿大豐業銀行、法國興業銀行等五大銀行的代表聚集在羅斯柴爾德銀行，金價被定在4英鎊18先令9便士，約合7.5美元。儘管1968年改為美元報價，但是其運作模式基本沒有改變。羅斯柴爾德家族成為固定的主席和召集人，倫敦時間每天上午和下午，五大銀行的代表會討論實物黃金的交割價格兩次，由主席建議一個開盤價，然後透過電話傳到交易室，主席再根據買賣雙方的出價和最終達成交易的價格宣布被敲定的金價。

不難看出，誰可以控制世界最大的黃金交易商，誰就可以控制黃金的價格，還可以影響到珠寶價格和礦石價格，而且有助於確定交易所交易基金（ETF）與黃金掛鉤的證券價值。

大衛花費很長的時間，向羅斯柴爾德家族公司內部人員解釋做出這個決定的原因。從堂兄手中接過黃金業務的時候，大衛發現：如果要在黃金行業成功，必須要做大，要花很多錢。此時，羅斯柴爾德銀行的收入主要來自併購和重組以及其他交易的顧問業務，黃金交易與羅斯柴爾德家族的核心業務關係不大。黃金定價權曾經是家族的榮耀，但是如今已經不是重要業務。大衛解釋：「我們在倫敦商品市場（包括黃金）交易的收入在過去五年中，已經下降到不足我們業務總收入的1%。從戰略分析的角度看，（黃金交易）已經不是我們的核心業務，所以我們選擇退出這個市場。」

2009年，大衛接受中央電視台專訪的時候，再次談及這段往事：

「我可以回答這個問題，因為退出黃金定價權這個決定是由我做出的。首先有歷史的原因：黃金的價格以往都是由我們在倫敦的銀行來確定，所以有人說當時所有的黃金投資的活動都是由我們的銀行來操縱。但是後來我們對黃金的定價權更多的只是一個象徵意義，在黃金的市場上已經有很多人參與價格的制定，不僅是我們在倫敦的銀行。我從我的堂兄手裡接手黃金的業務以後發現，如果要在這種黃金行業成功，必須要做大，因為要花很多的錢來影響市場。

第二個原因是：我認為放棄黃金定價權也沒有關係，因為定價權和盈虧已經沒有必然的關係。我花費很長的時間向公司的人解釋，我更希望把自己的業務集中在核心業務上，黃金交易與核心業務關係不大，即使放棄也沒有關係。作為黃金定價權的把持者，曾經是我們家族的榮耀，但是現在它們已經不是我們家族的重要業務，所以放棄也沒有關係。」

事實上，大衛在2004年宣布放棄黃金定價權的時候，他正在帶領羅斯柴爾德家族悄悄遠離一場前所未見的金融危機。負債累累的美元經濟、危機四伏的國際貨幣體系以及世界外匯儲備體系已經逼近峭壁邊緣，羅斯柴爾德家族徹底解除與黃金價格之間的關係，表示避免一場不期而至的滅頂之災。

2008年金融危機毫髮無損的秘密

2008年9月15日，雷曼兄弟宣布破產，金融危機由此席捲全球。

雷曼兄弟創立於1850年，曾經是美國第四大投資銀行。伴隨著多米諾骨牌效應，美國國家金融服務公司、貝爾斯登、房利美、房地美相繼倒下，美國國際集團、美林證券、華盛頓互惠銀行、摩根史坦利、高盛證券受到巨大衝擊。不僅如此，金融危機對實體經濟造成嚴重破壞，美國通用汽車公司等「百年老店」宣布破產保護，裁員浪潮此起彼伏。

然而，在這次金融危機中，羅斯柴爾德家族無論是資產還是投資都沒有受到任何損失，不僅全身而退，還成為愛爾蘭、荷蘭、英國等十幾個國家的財務顧問，並且參與許多國家的汽車行業重整，簡直就是一個奇蹟。

大衛·羅斯柴爾德進行分析：「如果因為我們沒有任何損失而說我們高明，我認為對其他的金融機構不公平。我們可以避開損失，不是因為我們聰明，而是因為我們保守。因為我們已經傳承六代，所以會更謹慎。」

他繼續說：「保守是我們的投資策略，如果你處於我的位置，就會不難理解這個答案。如果我是家族的第一代成員，也許敢做冒險的事情，但是家族已經發展兩百多年，未來還有很長的歷史在等著我們，因此我們會迴避高風險的投資，仔細考量風險。」

大衛是一個謹慎而穩健的掌門人，他說：「你的家族如果已經傳承六代，你顯然會比第一代成員相對來說更保守，因為我們想要更持久。所以

我認為，因為謹慎保守而避開這次風險是應該的，而且我們提供的服務是金融服務，而不是一個資本營運，所以我們的風險很小。我認為進行投資還是應該謹慎一些，起碼要有一個中長期的眼光。如果你是一個謹慎而有中長期眼光的人，你可以來投資。如果你是一個想要賺快錢的人，我就會勸你慎重。」

在大衛看來，2008年金融危機的罪魁禍首是金融衍生商品交易。他說：「金融衍生商品是一個非常複雜的行業，如果具有很強的實力、昂貴的IT設備、非常成熟的風險控制能力，就有可能獲得成功。但是即使如此，還是有很多投資銀行在衍生商品業務上虧錢。只有那些巨大的金融機構，才可以處理金融衍生商品。但是對於單獨一個家族來說，處理金融衍生商品就是愚蠢的。在過去二十年，金融衍生商品創造大量財富，很多人賺到錢，但是也有很多人失意。」

看到大型投資銀行在金融衍生商品市場上賺得盆滿缽滿，大衛沒有絲毫羨慕，反而堅決避開這些風險極大的領域。他深知金融衍生商品交易無法創造財富，只會在極大的風險下轉移財富，給一些野心勃勃的投機家欺騙社會的機會，如果過度炒作和投機，就會把社會財富轉移進入「黑洞」。如果戰爭的一個副產品是科技進步，金融炒作的唯一副產品就是一大群苦主和法律訴訟。羅斯柴爾德家族的行事風格，決定他們不看好一些過度炒作和投機的交易，他們更傾向於與客戶建立長期的合作關係。

羅斯柴爾德家族放棄看起來前途遠大的發財機會，這樣的事情在20世紀初就發生過。1911年，英國製造世界上最大的豪華郵輪——鐵達尼號，這艘巨輪被稱為「永不沉沒的船」。圍繞著鐵達尼號，曾經展開一場激烈的商戰，眾多保險公司蜂擁而至，爭相為鐵達尼號提供保險，因為「永不沉沒」就表示穩賺不賠。

但是，羅斯柴爾德家族旗下的皇家太陽保險公司卻按兵不動，主動放棄這塊「肥肉」，做出這個決策的正是羅斯柴爾德家族的南森尼爾。

1912年4月，鐵達尼號在處女航的時候撞上冰山，轟然沉沒，一千多個乘客遇難。

災難發生以後，有人追問南森尼爾：「您怎麼會有先見之明？做出這樣正確的決定？」

事實上，謹慎的南森尼爾曾經暗中找一流的船舶專家研究鐵達尼號的結構，專家的結論是：鐵達尼號的製造技術過於追求超前，有一些讓人不放心的安全隱患。這次調查是在絕密的狀態下進行，在每秒鐘都可以決定暴富還是破產的金融界，南森尼爾透過密碼電報將調查結果通知在歐洲的其他羅斯柴爾德銀行，讓他們放棄與此相關的交易。

南森尼爾謹慎保守的投資哲學，在大衛身上得到很好的繼承。其實，沒有人可以準確判斷應該做什麼、不應該做什麼。有些人天生就是頂尖的交易員、一流的商人，商業嗅覺靈敏，比如羅斯柴爾德家族第一代成員，可能有這樣的商業天賦。但是，天賦無法被繼承，後輩只能像農夫種田一樣，兢兢業業地在長期觀察中總結趨勢，把握機會。

每個人都渴望富足，有野心當然是好事，但是要有一個限度，保守與進取不衝突。保守不表示後退，而是謹慎地向前走。大衛希望羅斯柴爾德家族的事業可以傳承下去，可以更專業、更發達、更加全球化、更有影響力，但是他不是在考慮如何變得更富有。他說：「一個人只能同時坐一把椅子，開一輛車子，睡一張床，財富需要一個累積的過程，如果每天想著我要致富，可能會適得其反。」

每個人都希望掌控命運，但是我們可以做的很有限。法語有一句俗話：「你的胃口再大，也不可能把所有東西吃下去，因為吃得太多，你無

法消化。」這句話適用於任何業務，我們的營業規模可以每年增長10%、15%，盡可能不斷地增長，業務越做越大，越來越繁榮興旺。但是，做得太大可能會失去靈魂。

別人頭腦發熱的時候，羅斯柴爾德在冷靜旁觀。別人悲觀絕望的時候，羅斯柴爾德在昂首前行。2008年金融危機爆發期間，羅斯柴爾德撤掉有兩百多年歷史的倫敦辦事處，重蓋一座十四層的富麗堂皇的辦公大樓。大衛得意地說：「保守的時候應該保守，但是你覺得事情應該做的時候還是要去做。」

這次金融危機的深度和廣度史無前例，全球金融秩序受到強烈衝擊，金融系統重病纏身。與此同時，世界各地的資產價格大幅下降，即使那些品質比較好的資產，價格也有很大的下滑。對於聰明的投資者來說，危機見底的時候，投資的機會很快就要到來了。

大衛建議投資者：「這個世界上，商業投資的機會太多了。如果你只是想著賺錢，或是你總是過於在意，你經常會犯錯。如果你願意坐下來，仔細地思考，平靜一下，你會辨別出很好的投資機會。現在金融危機接近尾聲，已經有很多的投資機會。我認為最聰明的投資，就是不要過度頻繁地投資，而是把握關鍵的機會，做一些你真正瞭解和你可以做得好的。我們應該做一個冷靜的旁觀者，而不是成為一個積極的演員。」

第七代繼承者

　　2009年，大衛已經67歲，羅斯柴爾德公司之前沒有討論繼承人的歸屬問題。隨著羅斯柴爾德家族主要競爭對手拉扎德集團CEO布魯斯·沃瑟斯坦突然去世，圍繞羅斯柴爾德家族傳承的話題不斷傳出流言蜚語：大衛選定一個外姓人——尼蓋爾·海金斯接替自己。

　　尼蓋爾·海金斯在羅斯柴爾德銀行已經工作二十七年，熟悉他的客戶認為他是一個思維縝密的人，擁有超乎尋常的清晰思路。他不屑於討好客戶，在他看來，他的智慧足以吸引客戶。在羅斯柴爾德銀行，大衛與尼蓋爾·海金斯完全相反，大衛在任何場合都不會忘記在西裝的口袋放一方手絹，他彬彬有禮，非常有吸引力。大衛願意花費更多的時間維護與客戶的關係，對於公司管理的事情，他更傾向於委託給尼蓋爾·海金斯。

　　作為一個堅持不上市的家族企業，羅斯柴爾德家族的舉動總是可以引起人們的一些思索。《紐約時報》曾經這樣評論這次人事布局：「對於羅斯柴爾德家族來說，這是一種革命之外的進化。」但是事實證明，這只是一種權宜之計。實際上，大衛已經安排家族企業的繼承人——他唯一的兒子亞歷山大。

　　大衛總是告訴亞歷山大：「做自己想要做的事情——要是你想要打網球，就去打吧！」亞歷山大熱愛網球運動、養馬，熱衷於社交生活，但是他最重要的角色還是一位銀行家。大衛希望亞歷山大五年之後可以成為一

個合格的接班人，「考慮到銀行業的現狀，年紀大未必更明智。」

　　長久以來，大衛試圖透過建立新的組織架構以強化羅斯柴爾德家族對銀行的掌控，亞歷山大的繼任是實現這個目標的重要內容。

　　然而，就在幾年以前，在英國倫敦一次金融家的午餐會上，人們輕鬆隨意地交談，有人問大衛：「羅斯柴爾德銀行CEO的繼承人會不會是南森尼爾？」

　　這位講究舊式禮儀的老人輕輕抿了一口杯中的葡萄酒，然後沉思著說：「他是這一代之中，在金融圈最遊刃有餘的人。」大衛杯中的葡萄酒來自於羅斯柴爾德家族古老的酒莊，在燈光的映襯下，散發出紫紅色的光暈。

　　其實，這個問題對於大衛來說非常尖銳。南森尼爾是雅各的兒子，雅各曾經被羅斯柴爾德家族的成員稱為「害群之馬」。由於和伊夫林的衝突不可調和，雅各選擇離開羅斯柴爾德家族，獨立經營RIT基金，切斷與羅斯柴爾德家族的關係。從雅各出走的那一刻起，羅斯柴爾德家族從18世紀以來傳承的團結傳統似乎也被沖淡了。

　　很多人認為，雅各沒有成為羅斯柴爾德銀行的最高領導者，是因為他太有野心。現在，雅各經營的RIT資本公司市值大約在40億英鎊，他的身價在5億英鎊左右。

　　雅各年近八十，和妻子居住在沃德斯登莊園。雖然擁有享用不盡的財富，他反而過著一種簡樸的生活。有客人來訪的時候，雅各經常穿著一件綠色格子圖案的西裝，搭配一條黑色粗紋褲子，腳踏一雙舊皮鞋。他的妻子不會佩戴名貴珠寶，總是提著一個紅色的粗呢小包，中午通常用一頓馬鈴薯泥、豆角、紅蘿蔔，再加上一盤「小雞燉蘑菇」式的午餐招待客人。

　　雅各在年輕的時候就獲得常人無法企及的資產，但是到了晚年，他像

每個普通的英國老人一樣，選擇一種安詳的生活，很少參與公司的經營和管理。2013年，兒子南森尼爾在董事會惹出風波，雅各依然沒有露面，只有他的妻子象徵性地出現一下。

用放浪形骸來形容南森尼爾的年少輕狂最恰當不過，他像一匹脫韁的野馬般遊戲人生，距離銀行家的道路越來越遠。2010年，南森尼爾主導與印尼巴里克家族聯合投資30億美元成立一家礦業公司。然而，五年之後，南森尼爾與巴里克家族發生衝突，最終被競爭對手趕出董事會，羅斯柴爾德家族在印尼的投資宣告失敗。至此，雅各希望兒子參與接班人計畫的夢想也徹底終結。

2018年4月，伴隨著彭博新聞的一篇報導，關於羅斯柴爾德家族繼承人的各種傳言終於塵埃落定。報導中聲稱，亞歷山大正式接替父親擔任總部位於巴黎的銀行集團——羅斯柴爾德公司的執行總裁，成為第七代掌門人。

一個月之後，在羅斯柴爾德銀行的股東大會上，七十五歲的大衛向集團股東宣布這個消息。時年三十七歲的亞歷山大躊躇滿志，雖然他在金融領域顯得非常年輕，但是為了這一天，他和父親已經準備很多年。

亞歷山大曾經在美林證券及專注私募股權業務的貝爾斯登工作，並且為最終可以接管公司接受專門培訓，此前他曾經擔任公司的執行副主席，專注於商業銀行業務部門。

大衛在董事會上這樣評價亞歷山大：「羅斯柴爾德這個領導階層的變革經過長時間的精心準備，亞歷山大擁有十五年的豐富經驗，對我們所有的業務有深刻的瞭解，同時具備良好的人際關係。我相信，那些領導公司發展到今天的同事們也和我一樣，對企業的延續感到驕傲。」

2012年，在大衛的領導下，為了統一羅斯柴爾德家族的兩個分支，法

國和英國兩家原本相互獨立的分行，合併在法國上市公司Paris Orleans SA旗下，並且於2015年更名為羅斯柴爾德有限公司。

這次公司結構改革為大衛提供機會，讓他得以安排第三個孩子、唯一的兒子進入監事會，並且藉此啟動繼承者計畫。此外，家族透過買斷少數股東的股權，進一步收緊對集團的控制。羅斯柴爾德家族在集團董事會擁有49%的股權和58%的投票權，羅斯柴爾德銀行只有約26%的流通股在巴黎泛歐交易所上市交易。

華爾街許多銀行和投資公司經常採取分股和讓權的方式，把一部分股權分給優秀經理，使其成為合夥人，讓企業獲得持續發展的動力，羅斯柴爾德家族沒有採取類似做法。歐洲的瑞士聯合銀行、蘇黎世信貸、德意志銀行以及美國的高盛、摩根史坦利上市的時候，羅斯柴爾德家族仍然秉承不上市的傳統，牢牢把握對事業的控制權。在這種模式下，亞歷山大的繼任顯得再自然不過。

亞歷山大的繼任，預示羅斯柴爾德家族銀行進入一個新的階段。羅斯柴爾德銀行是一家全球性的公司，亞歷山大曾經在採訪中表示，未來他決心擴大羅斯柴爾德銀行在美國市場的影響力。過去幾年，在洛杉磯和芝加哥，羅斯柴爾德銀行透過聘請資深銀行家設立辦事處以擴大美國的諮詢業務。同時，羅斯柴爾德銀行認為美國中西部和西海岸地區成長潛力很大，所以在這些地區也投資很多公司。根據公開的資料顯示，羅斯柴爾德家族公司美國分部在美國的投資包括美國實驗室、美國威訊通訊公司、思科系統公司，以及美國老牌烘焙公司「女主人」。

也許，亞歷山大會帶領羅斯柴爾德家族走上復興之路。根據羅斯柴爾德官方網站介紹，他們主要經營金融諮詢、私人財富管理、商業銀行三大業務，金融諮詢業務營收佔總營收的60%，羅斯柴爾德自稱是世界最大

的獨立金融諮詢機構之一。根據Dealogic的資料顯示，羅斯柴爾德在私人銀行業務方面可圈可點，2017年完成規模不小的併購以擴張經營版圖。從資訊管理訂單的營收來看，羅斯柴爾德銀行僅次於摩根大通、高盛、拉扎德、美國銀行等世界頂級投資銀行，位居歐洲第五位。

金融市場變幻莫測，但是羅斯柴爾德家族只有一個。同樣，亞歷山大也只有一個。如今，他正在駕駛這艘曾經的金融帝國航空母艦，以「團結、正直、勤奮」的祖訓追尋先輩的足跡，在全球商業版圖中揚帆遠航。

附錄：羅斯柴爾德家族大事記

　　1744年，羅斯柴爾德家族創始人梅耶‧羅斯柴爾德出生於德國法蘭克福的猶太人貧民窟。

　　1755年、1756年，父親、母親先後死於瘟疫。

　　1755年，在親戚的鼓勵和資助下，梅耶到漢諾威的奧本海默家族銀行當銀行學徒。

　　1769年9月21日，威廉王子任命梅耶為「黑森-哈瑙國王宮代理人」。

　　1770年8月，梅耶與「宮廷猶太人」沃爾夫‧薩洛蒙‧史納培十六歲的女兒哥特爾結婚。

　　1812年9月19日，梅耶因為慢性痔瘡引發直腸潰瘍而去世。

　　1815年6月18日，滑鐵盧戰役爆發，羅斯柴爾德家族在此役中賺得盆滿缽滿。

　　1818年11月5日，羅斯柴爾德出手打擊霸菱銀行，並且在數年之內連戰連捷，直至完勝。

　　1825年12月，南森出手拯救英格蘭銀行，並且創建世界上第一家國際銀行集團。

　　1830年，羅斯柴爾德家族操控法國「七月革命」。

　　1848年，法國羅斯柴爾德面臨破產危機，詹姆斯‧羅斯柴爾德進退兩難。

1853年，南森尼爾·羅斯柴爾德男爵購買木桐酒莊。

1856年，羅斯柴爾德家族出手，打擊法國佩雷爾兄弟的動產信託銀行，後者在1867年破產。

1868年，詹姆斯·羅斯柴爾德以440萬法郎獲得拉菲酒莊的所有權。

1871年5月，羅斯柴爾德家族協調普法戰爭50億法郎的賠款協議。

1875年，羅斯柴爾德家族協助英國獲得蘇伊士運河控制權。

1896年，晚清重臣李鴻章拜訪羅斯柴爾德家族掌門人阿道夫·卡爾·馮·羅斯柴爾德。

1912年4月，鐵達尼號沉沒，羅斯柴爾德家族因為沒有為這艘巨輪承保而備受讚譽。

1919年，羅斯柴爾德家族掌控現代黃金定價權。

1939年，第二次世界大戰爆發，羅斯柴爾德家族遭受重創，許多財富被洗劫。

1960年，羅斯柴爾德掌門人伊夫林打破祖訓，破天荒引進非家族成員擔任董事。

1984年，羅斯柴爾德聯合銀行在法國建立，家族的各個分支都佔有一定的股份。

2000年，羅斯柴爾德中國控股有限公司成立，正式布局中國。

2004年4月14日，羅斯柴爾德家族宣布退出倫敦黃金定價體系，放棄黃金定價權。

2010年，羅斯柴爾德協助吉利併購富豪汽車，將富豪汽車報價從40億美元砍到18億美元成交。

2012年，法國和英國兩大家族分支合併。

2014年，羅斯柴爾德中國公司協助阿里巴巴在美國紐約證券交易所掛

牌上市，成為全球最大規模的IPO。

　　2018年4月，亞歷山大接替父親，成為羅斯柴爾德家族第七代掌門人。

海鴿 文化出版圖書有限公司
Seadove Publishing Company Ltd.

作者	陳潤
美術構成	騾賴耙工作室
封面設計	斐類設計工作室
發行人	羅清維
企劃執行	張緯倫、林義傑
責任行政	陳淑貞

成功講座 375

世界上最**富**有最**神秘**的家族
羅斯柴爾德

出版	海鴿文化出版圖書有限公司
出版登記	行政院新聞局局版北市業字第780號
發行部	台北市信義區林口街54-4號1樓
電話	02-27273008
傳真	02-27270603
E-mail	seadove.book@msa.hinet.net

總經銷	創智文化有限公司
住址	新北市土城區忠承路89號6樓
電話	02-22683489
傳真	02-22696560
網址	www.booknews.com.tw

香港總經銷	和平圖書有限公司
住址	香港柴灣嘉業街12號百樂門大廈17樓
電話	（852）2804-6687
傳真	（852）2804-6409

CVS總代理	美璟文化有限公司
電話	02-2723-9968
E-mail	net@uth.com.tw

出版日期	2021年10月01日　一版一刷
定價	360元
郵政劃撥	18989626　戶名：海鴿文化出版圖書有限公司

國家圖書館出版品預行編目（CIP）資料

羅斯柴爾德：世界上最富有最神秘的家族 ／ 陳潤作 ；
-- 一版. -- 臺北市 ： 海鴿文化，2021.10
面 ； 公分. --（成功講座；375）
ISBN 978-986-392-369-5（平裝）

1. 羅斯柴爾德家族　2. 家族企業　3. 家族史

494　　　　　　　　　　　　　　　　　110001434